应用型本科院校"十三五"规划教材/经济管理类

ERP Entrepreneurship Training Course

ERP创业实训教程

主编 李立辉

哈尔滨工业大学出版社
HARBIN INSTITUTE OF TECHNOLOGY PRESS

内容简介

本书基于工作过程系统化的思想,将 ERP 创业实训教程的内容设为 6 个项目,每一个项目都列出了详细的实训内容。项目 1 对 ERP 沙盘模拟进行简单介绍,让学生理解课程实训模式;项目 2 重点分析解密企业经营;项目 3 从沙盘竞赛战术经验和常用策略等方面介绍运营实战;项目 4 系统地介绍 ERP 实物沙盘经营的相关信息;项目 5 介绍了创业者系统经营;项目 6 介绍了"商战"系统经营。

本书适用于高等学校经济管理类专业本科学生,以及在职培训的经济管理从业人员学习使用。

图书在版编目(CIP)数据

ERP 创业实训教程/李立辉主编. —哈尔滨:哈尔滨工业大学出版社,2018.7(2020.1 重印)

应用型本科院校"十三五"规划教材

ISBN 978-7-5603-7422-2

Ⅰ.①E… Ⅱ.①李… Ⅲ.①企业管理-计算机管理系统-高等学校-教材 Ⅳ.①F270.7

中国版本图书馆 CIP 数据核字(2018)第 124516 号

策划编辑	杜 燕
责任编辑	杜 燕
出版发行	哈尔滨工业大学出版社
社　　址	哈尔滨市南岗区复华四道街 10 号　邮编 150006
传　　真	0451-86414749
网　　址	http://hitpress.hit.edu.cn
印　　刷	哈尔滨市工大节能印刷厂
开　　本	787mm×1092mm　1/16　印张 10.25　字数 236 千字
版　　次	2018 年 7 月第 1 版　2020 年 1 月第 2 次印刷
书　　号	ISBN 978-7-5603-7422-2
定　　价	26.00 元

(如因印装质量问题影响阅读,我社负责调换)

《应用型本科院校"十三五"规划教材》编委会

主　任	修朋月	竺培国			
副主任	吕其诚	线恒录	李敬来	王玉文	
委　员	丁福庆	于长福	马志民	王庄严	王建华
	王德章	刘金祺	刘宝华	刘通学	刘福荣
	关晓冬	李云波	杨玉顺	吴知丰	张幸刚
	陈江波	林　艳	林文华	周方圆	姜思政
	庹　莉	韩毓洁	蔡柏岩	臧玉英	霍　琳
	杜　燕				

序

哈尔滨工业大学出版社策划的《应用型本科院校"十三五"规划教材》即将付梓,诚可贺也。

该系列教材卷帙浩繁,凡百余种,涉及众多学科门类,定位准确,内容新颖,体系完整,实用性强,突出实践能力培养。不仅便于教师教学和学生学习,而且满足就业市场对应用型人才的迫切需求。

应用型本科院校的人才培养目标是面对现代社会生产、建设、管理、服务等一线岗位,培养能直接从事实际工作、解决具体问题、维持工作有效运行的高等应用型人才。应用型本科与研究型本科和高职高专院校在人才培养上有着明显的区别,其培养的人才特征是:①就业导向与社会需求高度吻合;②扎实的理论基础和过硬的实践能力紧密结合;③具备良好的人文素质和科学技术素质;④富于面对职业应用的创新精神。因此,应用型本科院校只有着力培养"进入角色快、业务水平高、动手能力强、综合素质好"的人才,才能在激烈的就业市场竞争中站稳脚跟。

目前国内应用型本科院校所采用的教材往往只是对理论性较强的本科院校教材的简单删减,针对性、应用性不够突出,因材施教的目的难以达到。因此亟须既有一定的理论深度又注重实践能力培养的系列教材,以满足应用型本科院校教学目标、培养方向和办学特色的需要。

哈尔滨工业大学出版社出版的《应用型本科院校"十三五"规划教材》,在选题设计思路上认真贯彻教育部关于培养适应地方、区域经济和社会发展需要的"本科应用型高级专门人才"精神,根据黑龙江前省委书记吉炳轩同志提出的关于加强应用型本科院校建设的意见,在应用型本科试点院校成功经验总结的基础上,特邀请黑龙江省9所知名的应用型本科院校的专家、学者联合编写。

本系列教材突出与办学定位、教学目标的一致性和适应性,既严格遵照学科体系的知识构成和教材编写的一般规律,又针对应用型本科人才培养目标及与之相适应的教学特点,精心设计写作体例,科学安排知识内容,围绕应用讲授理论,做到"基础知识够用、实践技能实用、专业理论管用"。同时注意适当融入新理论、新技术、新工艺、新成果,并且制作了与本书配套的PPT多媒体教学课件,形成立体化教材,供教师参考使用。

《应用型本科院校"十三五"规划教材》的编辑出版,是适应"科教兴国"战略对复合型、应用型人才的需求,是推动相对滞后的应用型本科院校教材建设的一种有益尝试,在应用型创新人才培养方面是一件具有开创意义的工作,为应用型人才的培养提供了及时、可靠、坚实的保证。

希望本系列教材在使用过程中,通过编者、作者和读者的共同努力,厚积薄发、推陈出新、细上加细、精益求精,不断丰富、不断完善、不断创新,力争成为同类教材中的精品。

前　言

根据《教育部关于全面提高高等职业教育教学质量的若干意见》的文件精神,应用型本科院校人才培养模式是校企合作、工学结合,人才培养目标主要是培养面向生产、管理和服务第一线的高素质、技能型人才,人才培养模式改革的重点是教学过程的实践性、开放性和职业性。当前,传统理论教学模式面临严重的挑战,迫切需要改革。沙盘模拟课程应运而生,其体验式的教学模式,融实践性和趣味性于一体,对于提高应用型本科院校学生的复合能力、综合素质起到了十分重要的作用。同时,对目前深化应用型本科院校经管类专业基础课程改革,优化课程结构,加强学生职业能力,培养创新型、应用型人才等起到了极大的推动作用。目前,此类课程在社会培训中也被广泛开展,并取得了较好的教学效果和社会影响。

本书基于工作过程系统化的思想,将 ERP 创业实训教程的内容设为 6 个项目,每一个项目都列出了详细的实训内容。项目 1 对 ERP 沙盘模拟进行简单介绍,让学生理解课程实训模式;项目 2 重点分析解密企业经营;项目 3 从沙盘竞赛战术经验和常用策略等方面介绍运营实战;项目 4 系统地介绍了 ERP 实物沙盘经营的相关信息;项目 5 介绍了创业者系统经营的相关信息;项目 6 介绍了"商战"系统经营。

由于编者水平有限,加之时间仓促,书中难免有疏漏之处,欢迎广大读者批评指正。

编　者
2018 年 6 月

目　录

项目 1　ERP 沙盘模拟简介 1
　1.1　ERP 沙盘含义及起源 1
　1.2　ERP 沙盘模拟意义 1
　1.3　ERP 沙盘模拟课程内容 3
　1.4　ERP 沙盘模拟课程的组成 5

项目 2　解密企业经营 6
　2.1　企业经营本质 6
　2.2　企业基本业务流程 8
　2.3　如何管理资金——现金为王 11
　2.4　用数字说话——找出不赚钱的原因 13
　2.5　战略——谋定而后动 15
　2.6　杜邦分析——找出影响利润的因素 16

项目 3　实战篇 18
　3.1　沙盘竞赛战术经验 18
　3.2　常用策略 35

项目 4　ERP 实物沙盘经营 40
　4.1　ERP 沙盘模拟课程设计 40
　4.2　新管理层接手 40
　4.3　ERP 实物沙盘运营规则与经营过程 46

项目 5　创业者系统经营 82
　5.1　"创业者"电子沙盘介绍 82
　5.2　创业者电子沙盘运营规则与经营过程 83

项目 6　"商战"系统经营 130
　6.1　"商战"实践平台介绍 130
　6.2　"商战"系统组成 131
　6.3　"商战"系统运营规则与经营过程 132

参考文献 154

项目 1

ERP 沙盘模拟简介

ERP(Enterprise Resource Planning,企业资源计划)沙盘是管理者经营理念的"实验田",是管理者变革模式的"检验场"。即便经营失败,也不会给企业和个人带来任何伤害。

这是一场商业实战,"六年"的辛苦经营将把每个团队的经营潜力发挥得淋漓尽致,在这里可以看到激烈的市场竞争、部门间的密切协作、新掌握经营理念的迅速应用、团队内的高度团结。

在模拟训练过程中,胜利者自会有诸多经验与感叹,而失败者则更会在遗憾中体会和总结。

1.1 ERP 沙盘含义及起源

提到沙盘,人们自然会联想到战争年代军事作战指挥沙盘或是房地产开发商销售楼盘时的展示沙盘。它们均清晰地模拟了真实的地貌,同时又省略某些细节,让指挥员或者顾客对形势有个全局的了解。

管理大师德鲁克说:"管理是一种实践,其本质不在于'知'而在于'行';其验证不在于逻辑,而在于成果,其唯一权威就是成就。"可见管理实践教学的重要性,但是多年来一直缺乏有效的教学手段。

ERP 沙盘将企业合理简化,但同时反映了经营本质,让学员在这个模型上进行实际演练,为管理实践教学提供了良好的手段。

自从 1978 年被瑞典皇家工学院的 Klas Mellan 开发之后,ERP 沙盘模拟演练迅速风靡全球。现在国际上许多知名的商学院(例如哈佛商学院、瑞典皇家工学院等)和一些管理咨询机构都在用 ERP 沙盘模拟演练,对职业经理人和 MBA、经济管理类学生进行培训,以期提高他们在实际经营环境中决策和运作的能力。我国诸多高校也相继引进 ERP 沙盘模拟教学。

1.2 ERP 沙盘模拟意义

在此借用华北电力大学刘树良老师提出的"知识立方体图"说明 ERP 沙盘模拟意义。

通过知识宽度、实践性、管理层次三个维度,将人才分成两大类,共 8 种,如图 1.1 所示。

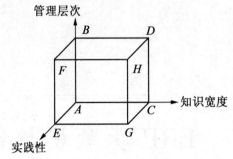

图 1.1　知识立方体

企业管理者需要两类知识:言传性知识和意会性知识。言传性知识是可以通过语言或文字来传递的知识,然而社会需要管理者掌握综合知识,特别是意会性知识。ERP 沙盘模拟培训的定位正是为学员提供意会性知识。

ERP 沙盘模拟是一种体验式教学,融角色扮演、案例分析和专家诊断于一体。让学生站在最高层领导的位置上来分析、处理企业面对的战略制定、组织生产、整体营销和财务结算等一系列问题,亲身体验企业经营过程中的"酸、甜、苦、辣",其目的是使学生领悟企业高层管理者所应掌握的"意会性知识"。管理教学中较为常用的案例教学主要是通过各抒己见来相互学习、借鉴,通过一个个静态案例的各种分析与决策方案的比较来获得知识。而 ERP 沙盘模拟是通过亲身体验来学习,通过对一系列动态案例的连续不断的分析与决策过程来获得知识。两种方法的效果优劣是不言而喻的,见表 1.1。

表 1.1　言传性知识与意会性知识比较表

知识属性	代号	知识宽度	实践性	管理层次	人才类型
言传性知识	A	专(窄)	理论	低	低层次专家
	B	专(窄)	理论	高	学术专家
	C	宽	理论	低	低层次杂家
	D	宽	理论	高	学术权威
意会性知识	E	专(窄)	理论	低	低层职能人员
	F	专(窄)	理论	高	高层职能经理
	G	宽	理论	低	小企业管理者
	H	宽	理论	高	高层经营管理者

ERP 沙盘模拟是一种综合训练。学生可以将所学的各种知识应用到经营过程中,从而获得综合能力的提高。ERP 沙盘模拟涉及战略管理、市场营销、生产管理、物流管理及财务会计,传统教学体系中是没有类似课程的。

ERP 沙盘模拟也可以作为一种选拔人才的手段。企业在选拔经营管理人才时,可通过观察应征者在参与模拟活动中的表现来确定合适的人选。中央电视台《赢在中国》节目正式应用沙盘模拟手段来选拔创业人才。

ERP 沙盘模拟改变了传统课堂的师生关系,教师仍是课堂的灵魂,但其角色在课程的不同阶段是不断变化的，见表1.2。

表1.2　课程的不同阶段教师所扮演的角色

课程阶段	具体任务	教师角色	学生角色
组织准备工作		引导者	认领角色
基本情况描述		引导者	新任管理层
企业运营规则		引导者	新任管理层
初始状态设定		引导者	新任管理层
	战略制定	商务、媒体信息发布	角色扮演
	融资	股东、银行家	角色扮演
	订单争取、交货	客户	角色扮演
	购买原料、下订单	供应商	角色扮演
	流程监督	审计	角色扮演
	规则确认	裁判	角色扮演
现场案例解析		评论家、分析家	角色扮演

　　ERP沙盘模拟与现实经营并不完全是一回事，我们不能苛求ERP沙盘和现实企业经营完全相符，这样反而不利于对企业经营全局的认识和把握。ERP沙盘模拟在某些处理环节（如账务、税收、报表等）是高度简化甚至有所变通，和现实规范不符，但只要其处理方法在逻辑上成立就无可指摘。这和地理沙盘是一个道理，如果一味要求地理沙盘和实际地形地貌完全相符，只能导致使用者看不清主要地点之间的位置关系。

1.3　ERP沙盘模拟课程内容

1. 深刻体会ERP核心理念

- 感受管理信息对称状况下的企业运作；
- 体验统一信息平台下的企业运作管理；
- 培养依靠客观数字评测与决策的意识与技能；
- 感悟准确、及时、集成的信息对于科学决策的重要作用；
- 训练信息化时代的基本管理技能。

2. 全面阐述一个制造型企业的概貌

- 制造型企业经营所涉及的因素；
- 企业物流运作的规则；
- 企业财务管理、资金流控制运作的规则；
- 企业生产、采购、销售和库存管理的运作规则；
- 企业面临的市场、竞争对手、未来发展趋势分析；
- 企业的组织结构和岗位职责等。

3. 了解企业经营的本质
- 资本、资产、损益的流程，企业资产与负债和权益的结构；
- 企业经营的本质——利润和成本的关系，增加企业利润的关键因素；
- 影响企业利润的因素——成本控制需要考虑的因素；
- 脑力激荡——如何增加企业的利润。

4. 确定市场战略与产品定位，分析产品未来需求趋势
- 产品销售价位、销售毛利分析；
- 市场开拓与品牌建设对企业经营的影响；
- 市场投入的效益分析；
- 产品盈亏平衡点预测；
- 脑力激荡——如何才能拿到高的市场份额。

5. 掌握生产管理与成本控制
- 采购订单的控制——以销定产、以产定购的管理思想；
- 库存控制——ROA与减少库存的关系；
- JIT——准时生产的管理思想；
- 生产成本控制——生产线改造和建设的意义；
- 产销排程管理——根据销售订单确定生产计划与采购计划；
- 脑力激荡——如何合理地安排采购和生产。

6. 全面计划预算管理
- 企业如何制定财务预算——现金流控制策略；
- 如何制订销售计划和市场投入；
- 如何根据市场分析和销售计划制订安排生产计划和采购计划；
- 如何进行高效益的融资管理；
- 脑力激荡——如何理解"预则立，不预则废"的管理思想。

7. 科学统筹人力资源管理
- 如何安排各个管理岗位的职能；
- 如何对各个岗位进行业绩衡量及评估；
- 理解"岗位胜任符合度"的度量思想；
- 脑力激荡——如何更有效地监控各个岗位的绩效。

8. 获得学习点评
- 培训学员运用实际训练数据分析；
- 综合理解局部管理与整体效益的关系；
- 优胜企业与失败企业的关键差异。

1.4 ERP沙盘模拟课程的组成

ERP沙盘模拟教具主要包括实物沙盘和电子沙盘两部分,见表1.3、表1.4。

表1.3 实物沙盘教具说明

序号	名称	说明
1	盘面	一张盘面表示一家企业,一般有6~12张,每张盘面包括营销与规划中心、生产中心、物流中心、财务中心
2	生产线模板	用于表示生产线——手工线、半自动线、自动线、柔性线
3	产品标识	用于表示生产线是生产哪种产品——P1、P2、P3、P4
4	订单	表示某个企业从市场获得的订单,是销售依据
5	灰币	用于表示金钱,一个币表示1M,一桶装20个币,表示20M
6	彩币	分红、黄、蓝、绿四种颜色,表示原材料R1、R2、R3、R4
7	空桶	用于盛装灰币和彩币,同时可表示原料订单、长短贷
8	产品资格证	表示可以生产拥有资格证的产品
9	市场准入证	表示该企业可以在拥有准入证市场投广告,拿订单
10	ISO资格证	表示可以获取有ISO资格要求的订单,分ISO 9000、ISO 14000两种

表1.4 "创业者"电子沙盘内容说明

序号	名称	说明
1	市场预测	各组别市场预测——支持6~18组
2	经营流程	训练时学生用表(任务清单及记录)
3	会计报表	各年会计报表
4	应收贷款记录表	训练时记录应收和贷款情况
5	重要经营规则	快速查询主要规则
6	Aports	查找、关闭占用80端口程序的工具
7	创业者安装说明	系统安装说明文件
8	后台管理(教师)操作说明	管理员(教师)操作手册
9	前台(学生)操作说明	学生操作手册
10	创业者软件安装操作演示	系统安装操作视频讲解
11	创业者教师端(后台)操作演示	教师端(后台)操作视频讲解
12	创业者学生端(前台)操作演示	学生端(前台)操作视频讲解
13	安装主程序	需要和加密狗匹配使用

注:本表所列资料可在以下网址下载 http://enterprise.135e.com/Download/

项目 2

解密企业经营

几年的经营也许你懵懵懂懂,跌跌撞撞;也许你已经破产,却不知道原因;虽然能讲出一点道理,但零星散乱;也许你盈利了,但可能很大程度上归于运气。和很多管理者一样,你也不自觉地运用了"哥伦布式管理":走的时候,不知道去哪儿;到的时候,不知道在哪儿;回来的时候,不知道去过哪儿了。

下面就让我们抽丝剥茧,尝试着解析企业经营的奥秘吧!

2.1 企业经营本质

企业经营的本质可以用图2.1来描述。

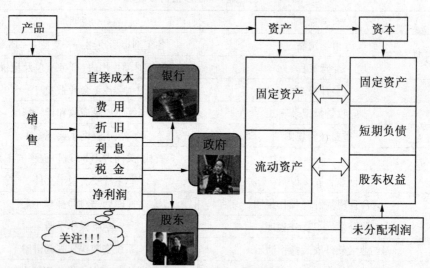

图 2.1 企业经营的本质

企业经营是利用一定的经济资源,通过向社会提供产品和服务,获取利润,其目的是股东权益最大化。

作为经营者,要牢牢记住这句话。这是一切行动的指南!

企业的资本构成有两个来源。负债:一个是长期负债,一般指企业从银行获得的长期贷款；另一个是短期负债，一般是指企业从银行获得的短期贷款。权益：一部分是指企业创建之初，所有股东的集资，即股东资本，这个数字是不会改变的；还有一部分是未分配利润。

在企业筹集了资本之后，进行采购厂房和设备，引进生产线，购买原材料，生产加工产品等活动，余下的资本（资金）就是企业的流动资金了。

可以这么说：企业的资产就是资本转化过来的，而且是等值的转化。所以资产负债表中，左边与右边一定是相等的。

通俗地讲，资产就是企业的"钱"都花在哪儿，资本就是这"钱"是属于谁的，两者从价值上讲必然是相等的。即资产负债表一定是平的。

企业在经营中产生的利润当然归股东所有，如果股东不分配而将其参与到企业下一年的经营中，就形成未分配利润，自然这可以看成是股东的投资，成为权益的重要组成部分。

企业经营的目的是股东权益最大化，权益的来源只有一个，即净利润。净利润来自何处？只有一个——销售，但销售额不全是利润。其一，在拿回销售款前，必须要采购原材料，支付工人工资，还有其他生产加工时必需的费用。当企业把产品卖掉，拿回销售额时，当然要抵扣掉这些直接成本。其二，还要抵扣掉企业为形成这些销售支付的各种费用，包括：产品研发费用、广告投入费用、市场开拓费用、设备维修费用、管理费等。这些费用也是在拿到收入之前已经支付的。其三，机器设备在生产运作后会贬值，好比 10 万元的一辆汽车，开 3 年之后值 5 万就不错了，资产"缩水"了，这部分损失应当从销售额中得到补偿，这就是折旧。经过三个方面的折旧之后，剩下的部分形成了支付利息前利润，归三方所有。首先，企业的运营，离不开国家的"投入"，比如，道路、环境、安全等，所以有一部分归国家，即税收。其次，资本中有很大一部分来自银行贷款，企业在很大程度上是银行的资金产生利润的；而银行之所以贷款给企业，当然需要收取利息回报，即财务费用。最后，剩余的净利润，才是股东对的。

那如何才能扩大利润？无非就是开源和节流两种方法，可以考虑一种，也可以考虑两者并用。具体措施如图 2.2 所示。

企业经营的命根子是盈利，那如何衡量经营的好坏呢？有两个最关键的指标：资产收益率（Return On Assets，ROA），净资产收益率或权益收益率（Rate of Return on Common Stockholders'Equity，ROE）。

$$ROA = 净利润/总资产$$
$$ROE = 净利润/权益$$

ROA 越高，反映企业的经营能力越强，相当于反映出企业中 1 元钱的资产能获利多少。但企业资产并不都是属于股东的，股东最关心的是他的真正利益。ROE 反映的是股东 1 元钱的投资能收益多少，当然是越高越好了。

两者之间的关系如何呢？

$$ROE = \frac{净利润}{权益} = \frac{净利润}{总资产} \times \frac{总资产}{权益} = ROA \times \frac{1}{1-资产负债率}（权益乘数）$$

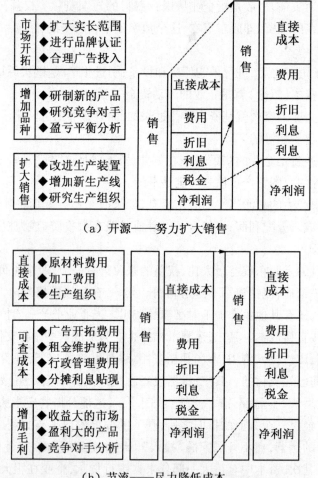

图2.2 增加企业利润——开源,节流

ROA一定,资产负债率提高,ROE就越高,表明企业在"借钱省钱",用"别人"的钱为股东赚钱,这就是财务杠杆效应;资产负债率不变,ROA越高,ROE也越高,这表明企业的经营能力越强,给股东带来更大的回报,这就是经营杠杆效应。

如果资产负债率过高,企业风险很大。欠着别人钱的时候,主动权不在经营者手里,一旦环境有变数,那风险实在是太大了。比如:一旦由于贷款到期出现现金流短缺,企业将面临严重的风险。当然资产负债率如果大于1,就是资不抵债,理论上讲企业就破产了。

2.2 企业基本业务流程

REP沙盘模拟的是一家典型的制造型企业,采购→生产→销售构成了基本业务流程,如图2.3所示。

整个流程中有几个关键的问题:

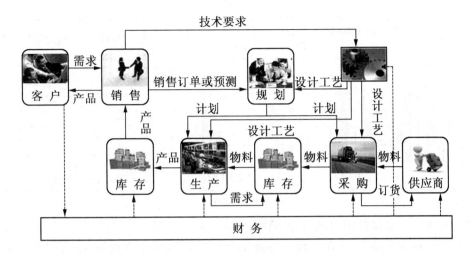

图 2.3 企业基本业务流程

1. 如何确定产能

表 2.1 列出了所有可能的产能状态。按照上面提供的方法,结合本企业的生产线及库存情况,可以计算出可承诺量(ATP),这就是选单的时候要牢记的。值得注意的是 ATP 并不是一个定数,而是一个区间,因为企业可以转产、紧急采购、紧急加建生产线或向其他企业采购。比如意外丢了某产品的订单,则需要考虑多拿其他产品订单,可能需要转产;再比如,某张订单利润特别高,可以考虑紧急采购,紧急加建生产线或向其他企业采购产品来满足市场需要。产能的计算是选单的基础。

2. 如何读懂市场预测

市场是企业经营最大的表数,是企业利润的根本源泉,其重要性不言而喻。因此,营销总监可以讲是企业里最有挑战性的岗位。

下面如图 2.4 所示,尝试解读市场预测。

表 2.1 生产线类型和年初状态影响产能

生产线类型	年初在制品状态	各季度生产进度				产能
		1	2	3	4	
手工线	○○○	□	□	□	■	1
	●○○	□	□	■	□	1
	○●○	□	■	□	□	1
	○●●	■	□	□	□	2
半自动线	○○	□	□	□	■	1
	●○	□	□	■	□	2
	○●	□	■	□	□	2
全自动/柔性线	○	□	■	■	■	3
	●	■	■	■	■	4

注:实心圆图标表示在制品;实心正方形图标表示产品完工下线,同时开始新的下一批生产

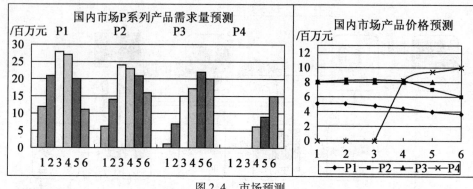

图 2.4 市场预测

P1 产品需求量在后两年的快速下降中,其价格也逐年走低。P2 产品需求一直较为平稳,前四年价格较稳定,但在后两年下降迅速。P3 产品需求发展较快,价格逐年走高。P4 产品只在后两年才有少量的需求,价格和 P3 相比并没有特别吸引力。

读懂了市场预测,结合产能还不足以制定广告策略,还要对竞争对手有正确的评估在。企业竞争就是"博弈""知己知彼,百战不殆"。很多时候价格高,结果大家都一头扎进去抢单,其结果是恶性竞争,便宜了广告公司,所以往往看着是"馅饼",可能是"陷阱"。

制定好了广告策略,需要对销售额、销售量、毛利有一个较为明确的目标。最直接的指标是:广告投入产比订单销售额合计/总广告投入。即投入 1 元钱广告可以拿多少销售额。根据经验值,前两年比值为 5 左右是合理的,第 3 年后,8 到 10 是合理的。所以不能一味地抢"市场老大",狠砸广告,当时是风光了,但对企业整体经营是有害的。也不能一味节省广告费,拿不到单,利润何来?

总之,选单过程紧张激烈,斗智斗勇,没有眼观六路、耳听八方的本事还真不行。可以讲这是 ERP 沙盘模拟的精华所在。

3. 如何确定生产计划和原料订购计划

获取订单后,就可以编制生产计划和原料订购计划。两者可以同时编制,以生产 P2 为例,其物料清单(BOM)为 R2 + R3,其中 R2 订购提前为一季,R3 为二季。

由表 2.2 可知手工线第 3 季开始下一批生产,则第 2 季订一个 R2,第 1 季订一个 R3;第 3 季(即第 2 年第 2 季)开始新一批生产,需要在第 5 季(第 2 年第 1 季)订一个 R2,第 4 季订一个 R3。

以此类推,可以根据生产线类型及所生产产品类型计算出何时订购原料,订购多少。当然实际操作时还要考虑原料库存、转产、停产、加工费、原料到货付款等因素。

表 2.2 生产计划与原料订购计划

状态		时间/Q					
		1	2	3	4	5	6
手工线	产品下线并开始新生产			■		■	
	原料订购	R3	R2		R3	R2	
半自动	产品下线并开始新生产	■		■		■	
	原料订购	R2	R3	R3	R3	R2	

续表2.2

状态		时间/Q					
		1	2	3	4	5	6
自动线	产品下线并开始新生产	■	■	■	■	■	■
	原料订购	R2 + R3	R2 + R3	R2 + R3	R2 + R3	R2	
合计		2R2 +2R3	2R2 +2R3	2R2 + R3	R2 +3R3	3R2	

注:年初生产线有在制品在1Q位置

2.3 如何管理资金——现金为王

● 看到现金库资金不少,心中就比较放心;
● 还有现金不少,可是却破产了;
● 能借钱的时候就尽量多借点,以免第2年借不到。

以上几种想法或做法,是ERP沙盘经营中经常看到的,说明经营者对资金管理还不太理解。下面从资金管理的角度一一分析。

库存资金越多越好吗?错!资金如果够用,甚至可以说越少越好。资金从哪来?可能是银行贷款,这是要付利息的,短贷利率最低,也要5%;也可能是股东投资,股东是要经营者拿钱去赚钱的,放在企业里闲置,不会有利润的,也可能是销售回款,放在家里白白浪费,不如放在银行,多少也有点利息。

现金不少,破产了,很多经营者这个时候会一脸茫然。破产有两种情况:一是权益为负,二是资金断流。现金尚多却破产,必是权益为负。权益和资金是两个概念,千万不要混淆,这两者之间有什么关系呢?从短期来看,两者是矛盾的,资金越多,需要付出的资金成本越多,反而会降低本年权益;长期看,两者又是统一的,权益高了,就可以从银行借更多的钱,要知道,银行最大的特点就是嫌贫爱富。企业经营,特别在初期,在这两者之间相当纠结,要想发展,做大做强,必须得借钱、投资,但这时候受制于权益,借钱受到极大限制。可借不到钱,又如何发展呢?这可谓企业经营之初的哥德巴赫猜想,破解了这个难题,经营也就成功了一大半。

在权益较大的时候多借点,以免来年权益降了借不到。这个观点有一定道理。但是也不能盲目借款,否则一段时间内一直会背着沉重的财务费用,甚至还不出本金。这不就是人们常讲的饮鸩止渴吗?

通过以上分析可以看出资金管理对企业经营的重要性。资金是企业日常经营的血液,断流一天都不可。如果将可能涉及资金流入流出的业务汇总,不难发现基本上涵盖了所有业务。如果将明年可能的发生额填入表中,就自然形成了资金预算表,见表2.3。预断出现资金断流,必须及时调整,看看哪里会有资金流入,及时补充。

表 2.3　资金预算表　　　　　　　　　　　　单位：百万元

季度 项目	1	2	3	4
期初库存现金				
贴现收入				
支付上年应交税				
市场广告投入				
长贷本息收支				
短贷本息收支				
支付到期短期贷款				
原料采购支付现金				
厂房租买开支				
生产线(新建/在建,转,卖)				
工人工资(下一批生产)				
收到应收款				
产品研发				
支付管理费用及厂房续租				
市场及 ISO 开发(第 4 季)				
设备维护费用				
违约罚款				
其他				
库存现金余额				

通过表 2.3 不难发现,资金流入项目实在太有限了,而其中对权益没有损伤的仅有"收到应收款"。而其他流入项目都对权益均有负面影响。长短贷、贴现——增加财务费用,出售生产线——损失了部分净值,虽然出售厂房不影响权益,但是购置厂房的时候是一次性付款的,而出售得到的只能是四期应收款,损失了一年的时间,如果贴现也需要付费。

至此,了解了资金预算的意义,还要相应的行动。首先,保证企业正常动作,不发生资金断流,否则就是破产出局;其次,合理安排资金,降低资金成本,使股东权益最大化。

资金预算和销售计划、开工计划、原料订购计划综合使用,既保证各方面正常执行,又避免出现不必要的浪费(如库存积压、生产线停产、盲目超前投资等)。同时如果市场形势、竞争格局发生改变,资金预算必须动态调整,适应要求。资金的合理安排,为其他部门的正常运转提供强有力的保障。

至此,大家应该了解财务的重要性了吧!他们为企业的动作保驾护航,再也不要随便责怪他们抠门了,他们难着呢,到处都是花钱的地方,不精打细算,估计用不了多久就会断流破产了。

2.4 用数字说话——找出不赚钱的原因

表 2.4 和表 2.5 所列是某企业 6 年综合费用表和利润表(数据来源于电子沙盘,初始现金为 60M)。

表 2.4 某企业综合费用表　　　　　　　　　　　单位:百万元

项目/年度	第 1 年	第 2 年	第 3 年	第 4 年	第 5 年	第 6 年
管理费	4	4	4	4	4	4
广告费	0	6	9	8	12	14
维修费	0	3	5	5	5	5
损失	0	7	0	0	0	0
转产费	0	0	0	0	0	0
厂房租金	5	5	5	5	5	5
新市场开拓	3	1	0	0	0	0
ISO 资格认证	1	1	0	0	0	0
产品研发	4	3	3	0	0	0
信息费	0	0	0	0	0	0
合计	17	30	26	22	26	28

表 2.5 某企业利润表　　　　　　　　　　　单位:百万元

项目/年度	第 1 年	第 2 年	第 3 年	第 4 年	第 5 年	第 6 年
销售收入	0	39	85	113	163	137
直接成本	0	18	33	46	75	67
毛利	0	21	52	67	88	70
综合费用	17	30	26	22	26	28
折旧前利润	−17	−9	26	45	62	42
折旧	0	0	10	16	16	16
支付利息前利润	−17	−9	16	29	46	26
财务费用	0	4	12	17	10	12
税前利润	−17	−13	4	12	36	14
所得税	0	0	0	0	5	3
年度净利润	−17	−13	4	12	31	11

比较后不难发现,该企业除第 5 年以外,其余年份业绩平常,从第 3 年起,销售收入增长较快,但利润增长乏力。说白了就是干得挺辛苦,就是不赚钱。

1. 全成本分析——钱花哪儿去了

将企业各年度成本汇总,如图 2.5 所示,纵轴上 1 代表当年的销售额,各方块表示各类成本分摊比例。如果当年各方块累加高度高于 1 时,表示亏损;低于 1 时表示盈利。

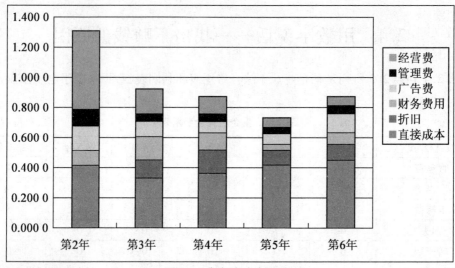

图 2.5　各年度成本汇总

特别提示

● 考虑到第 1 年没有销售,因此列出的数据从第 2 年起;
● 经营费 = 综合费用 − 管理费 − 广告费。

第 2 年经营费比较高,主要因为出现 7M 损失,查找经营记录,原来是高价向其他企业采购 3 个 P2,说明选单发生了重要失误或者生产和销售没有衔接好。直接成本也较高,主要是因为订单的利润也不好。第 3 年、第 4 年经营基本正常,也开始略有盈利,企业逐步走上正轨,但是财务费用较高,说明资金把控能力还不足。第 5 年利润较好,但直接成本较高,毛利率不理想。第 6 年广告有问题,其效果还不如第 5 年,毛利率也不理想。

2. 产品贡献度——生产什么最合算

将各类成本按产品分类,如图 2.6 所示,比较 P2 和 P3。这里要注意,经营费、财务费的分摊比例并不是非常明确,可以根据经验来确定。

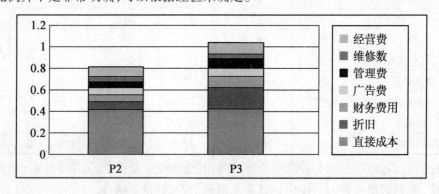

图 2.6　产品贡献度

从图中不难发现 P2 比 P3 赚钱。P3 的直接成本高,看来产品的毛利润不理想;同时分摊的折旧比例不高,主要是因为生产 P3 生产线的建成时机不好,选在第 3 年第 4 季建成,导致无形中多提了一年折旧,可以考虑缓建一季,省一年折旧。

控制成本还有很多好方法,如果有兴趣,可以参看本书后面的章节。

3. 量本利分析——生产多少才赚钱

销售额和销售数量呈正比。而企业成本支出分为固定成本和变动成本两块,固定成本和销售数量有关,如综合费用、折旧、利息等。如图2.7所示,成本曲线和销售金额曲线交点即盈亏平衡点。通过该图,可以分析出,盈利不佳,是因为成本过高或者产量不足。

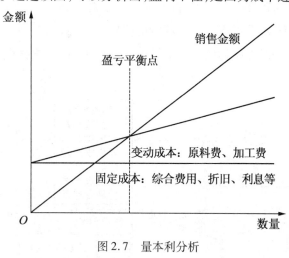

图2.7　量本利分析

2.5　战略——谋定而后动

以下几个情景是ERP沙盘经营中经常碰到的:
- 盲目建了3条,甚至4条自动或者柔性线,建成后发现流动资金不足,只好停产;
- 脑子发热,盲目投放广告好不容易抢到"市场老大",第2年拱手相让;
- 在某个市场狂砸广告,却发现并没有什么竞争对手,造成极大地浪费;
- 还没搞清楚要生产什么产品,就匆匆忙忙采购了一批原料;
- 开发了市场资格、产品资格,却始终没用上;
- 销售情况不错,利润就是上不去。

很多经营者,一直是糊里糊涂的,这是典型的没有战略的表现。所谓战略,用迈克尔·波特的话说就是"企业各项运作活动之间建立的一种配称"。企业所拥有的资源是有限的,如何分配这些资源,使企业价值最大,这就是配称,即目标和资源之间必须是匹配的。不然目标再远大,实现不了,只能沦为空想。

ERP沙盘模拟经营必须在经营之初就做出如下几个战略问题的思路:
- 企业的经营目标——核心是盈利目标,还包括市场占有率、无形资产占用等目标;
- 开发什么市场?何时开发?
- 开发什么产品?何时开发?

- 开发什么 ISO 认证？何时开发？
- 建设什么生长线？何时建设？
- 融资策略是什么？

……

ERP 沙盘模拟经营中为了实现战略规划，最有效的工具就是做长期资金规划，见表 4.3，预先将 6 年的资金预算一并做出，就形成了资金规划，同时将 6 年预测财务报表、生产计划、采购计划也完成，就形成了一套可行的战略。当然仅仅一套战略是不够的，事先需要形成数套战略。同时在执行的过程中做出动态调整，可以根据图 2.8 所示的思路制定线路。

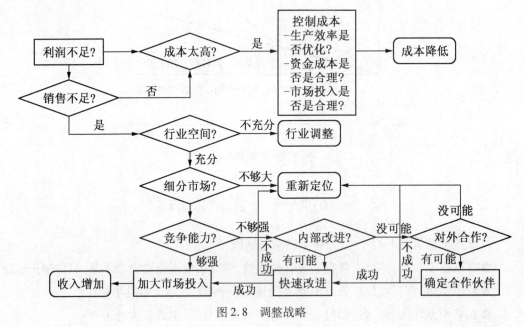

图 2.8 调整战略

有两点要引起重视：第一、战略的制定和执行过程中，永远不要忘记对手，对手的一举一动都会对自己产生重要影响；第二，前三年是经营的关键，此时企业资源较少，战略执行必须步步为营，用好每一分钱。而且前期如果被对手拉开差距，后期追赶时很难。第一年浪费 1M 可能会导致第六年权益相差几十 M。

2.6 杜邦分析——找出影响利润的因素

杜邦分析体系是一种比较实用的财务比率分析体系。这种分析最早由美国杜邦公司使用，故而得名。

杜邦分析法利用几种主要的财务比率之间的关系来综合分析企业的财务状况，用来评价企业盈利能力和股东权益回报水平。它的基本思想是将企业的净资产收益率（ROE）逐级分解为多项财务比率乘积，有助于深入分析比较企业经营业绩。

2.1节已经说明净资产收益率是股东最关心的指标,通过杜邦分析,可以解释影响这个指标的三个因素。为了找出销售利润率以及总资产周转率水平高低的原因,可将其分解为财务报表相关项目,从而进一步发现问题产生的原因。有了如图2.9所示的杜邦分析图,可以直观地发现哪些项目影响了销售利润率、资金周转率。在电子沙盘后台经营分析中可以直接查看企业不同年费的杜邦分析图。

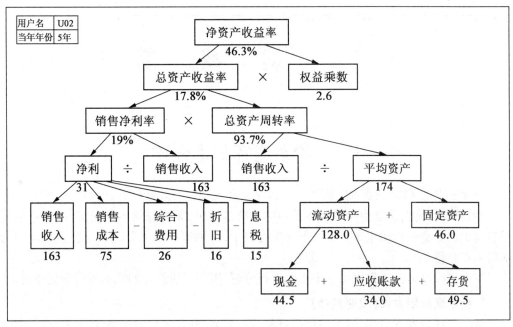

图2.9 杜邦分析图

其中

平均总资产+(期初总资产+期末总资产)/2
总资产=平均流动资产+平均固定资产
平均固定资产+(期初固定资产+期末固定资产)/2
平均流动资产=(期初流动资产+期末流动资产)/2

项目 3

实 战 篇

3.1 沙盘竞赛战术经验

一年一度的 ERP 沙盘大赛吸引着广大学生和老师,沙盘的魅力由此可见一斑。

当然,有比赛自然就有对抗。在不断的对抗过程中,无论是学生还是老师,都积累了很多宝贵的竞赛技巧和比赛战术。下面抛砖引玉,与大家一起来分享关于沙盘比赛中战术的一点心得。

下面将沙盘运营流程中每一个步骤进行分解,逐一对所涉及的战术进行分析探讨。

1. 新年度规划会议(战略选择)

新年度计划会议,在流程表中仅仅只有一个格子,没有资金的流动,也没有任何操作,因此很多初学者往往把新年度规划会议给忽视了。而恰恰相反的是,一支真正成熟的、有竞争力、有水平的队伍,往往会用掉全部比赛时间的四分之三以上来进行年度规划。那到底什么是年度规划? 年度规划要做些什么? 要怎么做呢?

首先,年度规划会议是一个队伍的战略规划会,是一个企业的全面预算会,是"运筹帷幄"的决策会。可以对照沙盘经营流程表将企业一年要做的决策都模拟一遍,从而达到"先胜而后求战"的效果。套用《孙子兵法》里的话:规划,企业大事也,生死之道,存亡之地,不可不查也。

那么规划应该怎么做才能有效呢? 总地来说就是根据流程表上的流程将企业一年的运营全部模拟一遍。当然,这中间会涉及很多技巧,但有几点通用的规律是一样的,就像老子说的"道"。我们先来论一论"道",只要真正地掌握了道的法门,自然会将道衍化出各种各样的"术",也就是我们说的技巧。

老子在《道德经》里的开篇一句:道可道,非常道! 能够说清楚的道就不是真正的道了,道是靠悟的! 所以我们在这里除了讨论的这些"道"以外,更重要的是需要不断实践总结。下面总结几点心得,供大家参考。

(1)万事预则立,不预则废。

没有好的预算,没有走一步看三步的眼光,只能是"哥伦布"式的管理,走到哪里? 不知道! 去过哪里? 不知道! 要去哪里? 不知道! 这样"脚踩西瓜皮——溜到哪儿算哪儿"的决策方式,很难在沙盘比赛中取得好成绩。

（2）用数据说话。

在沙盘里,这是最重要的法则之一。凡事要经过数据检验,制定大的战略更要经过严谨周密的计算,提供详实可靠的数据以支持决策。否则只能沦为"四拍"式管理——拍脑袋决策,拍胸脯保证,拍大腿后悔,拍屁股走人。

（3）知己知彼,百战不殆。

这是《孙子兵法》中很重要的一个战略思想,同样非常适用于沙盘模拟商战。在沙盘比赛中,总会设置一个环节让大家相互巡盘（间谍功能）。这样设置的目的就是为了让大家可以做到知己知彼的状态。竞争对手的市场开拓、产品选择、产能大小、现金的多少等都是我们必须关注的,简单来说,了解竞争对手的企业要像了解自己的企业一样。只有这样,才能够准确地推断出竞争对手的战略意图,从而采取相应的策略进行有效的阻击。

（4）细节决定成败。

张瑞敏打造海尔,相信大家都听过这个成功的案例,同时他对细节孜孜不倦的追求,也正是海尔由一个濒临破产的企业成长为中国标志性的跨国企业的重要核心因素。同样的,在沙盘企业模拟经营过程中,也必须从细节入手。

无论是在平时上课还是在比赛过程中,经常会听到有人抱怨说:就是因为点多了一步操作;就是因为着急算错了一个数字;不小心忘记了某个操作……很多人觉得这些"失误"都是微乎其微的,不是真正实力的体现,即使错了,也无关大局,下次注意改正就好。其实不然。关注细节,是一种习惯,是要从平时练习中慢慢积累培养出来的。很多时候我们会说我们队运气不好,我们队因为某个小错误失败太可惜了。但追究其根本,都是因为在细节上没有把握好,犯了"致命的错误",导致满盘皆输。

人们经常说:一个好的财务（计算）可以保证公司不死,一个好的市场（博弈）可以让公司壮大。在前期条件差不多的情况下,那么不犯错误或者少犯错误的队伍就可以获得冠军了,到了高水平的巅峰对决,比的就是对细节的把握和掌控。

（5）因势利导,随机应变。

在比赛过程中,无论前期做了多么仔细、精确的预算和规划,还是随时可能发生预想不到的情况。比如,实战中就经常由于没有注意交货期而导致选错了订单,也有遇到由于网络问题导致无法选单等各种各样的突发状况。这些突发状况都是实现无法预测,但是又无法回避的现实问题。遇到这些突发状况时,有的团队就乱了阵脚,不知如何是好,垂头丧气,甚至放弃比赛,而一支真正成熟的团队,应该具备"泰山崩于前而面不改色"的心里素质,更重要的是可以及时地分析时局,因势利导,随机应变地处理突发状况的大将风度。只有这样才能在复杂的竞争环境中保持团队的战斗力,才能在随时变化的时局中嗅出制胜之道,才能在危机出现时转危为安。

2. 广告投放

（1）该不该抢"市场老大"？

逼着曾经在"沙盘论坛"上做了一个调查,第一年,你愿意花多少广告费去抢"市场老大"？结果 8M~9M 广告费的占 9.09%;选择 10M~12M 广告费的占 59.09%;选择 13M~15M 广告费的占 27.27%,选择 16M~18M 广告费的占 4.55%。由此可见,大家普遍选择10M~15M之间。这难道是巧合吗？实际上仔细算一笔账就会发现抢"市场老大"的成本怎样最划算。

首先，将"市场老大"所带来的优势做一个时间假设。经常做沙盘比赛的人都知道，通常由于市场逐渐拓展和产品种类的丰富，铲平需求量在后两年会大幅增加，因此"市场老大"的真正价值也就是在于前四年的市场选单。暂且把第2年的"市场老大"效应算到第4年的市场选单，意味着如果第1年投入的抢"市场老大"的广告费为11M，后期每年投2M在这个市场拿两种产品的订单，3年来在这个市场总投入15M广告费，平均在这个市场广告费每年5M，那么必须考虑，如果将这5M的广告费分散投放在不同的产品市场，获得的订单是否会优于我们抢"市场老大"的情况呢？时间证明，在各企业的产能都比较少，市场竞争不激烈的情况下，5M完全可以很顺利地将产品卖完。这时如果不经过周密的计算，狂砸广告费去抢"市场老大"，显然是有点得不偿失的。相反在各组产能却很高，竞争非常激烈的情况下，"市场老大"的优势才能逐渐被体现出来。另外，规则告诉我们，"市场老大"是指该市场上一年度某市场所有产品总销售额最多的队，有优先选单的权利。在没有老大的情况下，根据广告费多少来决定选单次序。于是很多人就存在了一个误区，就以为市场老大就是比谁的广告费多。其实不然，"市场老大"总体比较的是整个市场的总销售额，而非一个产品的单一销售量。举例说明：甲公司只有P1产品，而另外一家乙公司拥有P1、P2两种产品，那么在选单过程中，即使最大的P1订单是被甲公司购得，但只要乙公司P1和P2两种产品的销售总额大于甲公司，那么无论甲公司投入多少广告费，"市场老大"仍然不是甲公司的。这就要求我们在抢"市场老大"的时候，不能只考虑"蛮力"猛砸广告费，更要考虑用"巧劲"，靠合理的产品组合"偷"来"市场老大"。

市场老大是把双刃剑，用得好了，威力无穷；用得不好，也很可能"赔了夫人又折兵"。因此到底要不要抢"市场老大"，以多少广告费抢"市场老大"，以一个什么样的产品组合抢"市场老大"，这些都是需要经过严密的计算然后再做博弈的。

(2) 该投多少广告费？

广告怎么投？投多少？这往往是沙盘联系中经常遇到的一个问题，因此很多人希望得到一个"秘籍"、一个"公式"或者一个方法，可以套用并保证准确。其实在沙盘比赛过程中，几个队伍真正博弈交锋的战场就是在市场的选单过程中，产品的选择、市场选择都集中反映在广告费投放策略上。兵无定势，水无常形，不同的市场、不同的规则、不同的竞争对手等一切内外部因素都可能导致广告投放策略的不同。因此要想找一个公式从而做到广告投放的准确无误，确实很难。那是不是投放广告就没有任何规律可循呢？当然不是！很多优秀的营销总监都有一套广告投放的技巧和策略。下面先探讨一下关于广告投放的一些基本考虑要素，从而更好地做好广告投放。当然还是那句话，没有绝对制胜的秘籍，下面提供的方法仅供参考。

通常拿到一个市场预测，首先要做的就是将图表信息转换成更易于读识的数据表，如表3.1所示。通过这样"数字化"转换以后，可以清晰地看到，各个产品、各个市场、各个年度的不同需求和毛利。通过这样的转换，不仅可以一目了然不同时期市场的"金牛"产品是什么，以帮助战略决策。更重要的是，通过市场总需求量与不同时期全部队伍的产能比较，可以分析出该产品是"供大于求"还是"供不应求"。通过这样的分析，就可以大略地分析出各个市场竞争的激烈程度，从而帮助广告费的制定。另外，除了考虑整体市场的松紧情况，还可以将这些需求量除以参赛的队数，就可以得到一个平均值。那么在投广告时，如果你打算今年出售的产品数量大于这个平均值，意味着你可能需要投入更多的广告费用去抢别人手里的市场份额。反过来，如果打算出售的产品数量小于这个平均值，那么相对来说可以少投入一点广告费。除了刚才说的根据需求量分析以外，广告费的投放还要考虑整体广告方案，吃透并利用规则："若在同一产品上有多家企业的广告投入相同时，则按该市场上全部产品的广告投入量决定选单顺序；若市场广告投入量也相同，则按上年该市场销售额的排名决定顺序。"如果在某一市场整体广告费用偏高，或者前一年度销售额相对较高的情况下，可以适当优化部分产品的广告费用，从而实现整体最佳的效果。

表3.1　各产品价格、数量、毛利明细表

			本地	区域	国内	亚洲	国际	合计	每队平均
第六年	P1	单价	6	6	6.28	6	5.9		
		数量	87	62	59	59	79	346	13.307 69
		毛利	4	4	4.28	4	3.9		0
		总毛	348	248	252.52	236	308.1	1 392.62	53.562 31
									0
	P2	单价	6.74	6.68	6.52	6.71	7.27		0
		数量	57	50	48	45	48	248	9.538 462
		毛利	3.74	3.68	3.52	3.71	4.27		
		总毛	213.18	184	168.96	166.95	204.96	938.05	36.078 85
									0
	P3	单价	8.39	7.77	7.84	7.92	8.25		0
		数量	60	45	47	40	40	232	8.923 077
		毛利	4.39	3.77	3.84	3.92	4.25		0
		总毛	263.4	169.65	180.48	156.8	170	940.33	36.166 54
									0
	P4	单价	9.35	9.72	9.14	9.62			0
		数量	23	30	33	43		129	4.961 538
		毛利	4.35	4.72	4.14	4.62	−5		0
		总毛	100.05	141.6	136.62	198.66	0	576.93	22.189 62
								总合计	4 802.93	184.728 1

3. 参加订货会选订单/登记订单

在选单环节之前，通常要先计算好自己的产能，甚至到每个季度可以产多少个产品，有多少个产品是可以通过转产来实现灵活调整的。在对自己的产能情况了如指掌后，通过分析市场预测，大概确定出准备在某个市场出售多少个产品，同时决定相应的广告费。

在所有组的广告投放完之后，可以通过短暂的一两分钟时间快速地分析出自己在各个市场选单的次序。这时候需要对比分析原来设计的产品投放安排，根据各个市场选单排名做出及时调整，以保证自己可以顺利实现最大化的销售。

大家经常会遇到一个很纠结的问题。大需求量的单子往往单价比较低,接了这样的单子利润比较薄,有些不甘心;单价高利润大的单子,又往往是些数量小的单子,接了这样的单子又怕不能把产品都卖完,造成库存积压。到底是应该选单价高的产品还是选量大的产品?面对这样两难的问题,只有根据赛场上的情况灵活应对。

通常初期的时候,在大家的产能都比较大的情况下,由于前期发展的需要,建议以尽可能多的销售产品为目标。在后期,由于市场和产品的多样化,以及部分企业的破产和倒闭,有可能导致市场竞争反而放宽。在这样的情况下,很多时候只要投1M就有可能"捡到"一次选单机会,这时"卖完"已经不是企业最重要的任务,而更多地应该考虑怎么将产品"卖好"。特别是大赛,到了后期强队之间的权益可能只相差几百万,而大家每年最多都只能产出40个产品,这个时候如果可以合理地精选单价高的订单,很有可能造成几百万甚至上千万的毛利差距。

最后说一说关于订单分解的一些经验。完全是经验公式,仅适用一些标准订单,比赛时候还要根据当时的情况具体分析。通常:订单最大数 = 该市场该产品总需求 ÷ (参赛组数 ÷ 2)。若大于3或4则向下取整;若小于等于3或4向上取整。第二大单的数量受第一大单影响,若第一大单大于4则减2,若第一大单小于4则减1。

4. 支付应付税

(1)关于所得税的计算的详细方法。

很多初学者对于沙盘中的所得税的计算不是很清楚,什么时候该交,什么时候不需要交,常常存在疑惑。

所得税,在用友ERP沙盘中是一个综合概念,大概可以理解成模拟的企业经营盈利部分所要交的税费。交所得税满足的两个条件是:

● 经营企业的上一年权益加今年的税前利润大于模拟企业的初始权益;
● 经营当年盈利(税前利润为正)。

下面是关于所得税的算法。

如果上一年度,企业权益没有达到初始权益,则

应缴所得税 = (税前利润 + 上一年末权益 − 初始权益) × 税率

如果算出来这个数为非整数,则将小数点后面的数字去掉(如果算出来的是0.X,则意味着今年可以不用交税,即向下取整,可以理解为政策优惠)。

针对电子沙盘:如果首次出现应该交税的情况(即首次税前利润 + 上一年末权益 − 初始权益 > 0),但是又因为应缴税算出来只有0.X而不用缴纳,那么今年本来应该交税部分的净利润会累积到明年的税前净利中,与明年的税前净利累加来计算税费。

例如:一个企业,初始权益为60M,去年年末的权益为57M,今年税前利润为6M,税率为25%。那么,根据规则

税前利润(6) + 上年年末权益(57) − 初始权益(60) = 3 > 0

该企业开始要交税。下面是所得税的算法。

交多少呢?根据公式:

所得税 = (税前利润 + 上一年末权益 − 初始权益) × 税率

可以计算出,为0.75.根据规则,向下取整,则意味着今年可以不用交税。但是请注意!

这里是很多老手都容易忽略,或者不清楚的。如果是在创业者电子沙盘环境中,那么这3M的应税利润是不是真的可以避税了呢?答案是否定的。如果下一年,该企业盈利为7M,那么按规则,应该是 7×25% =1.75,即只要交 1 个税。但是,由于电子沙盘系统里上年末未扣税。那么系统会将这上一年应税利润 3M 加上今年的 7M,即 10M×25% =2.5M 来计算今年的税。因此,今年的所得税为 2M,而不是 1M。如果已经扣税过,比如今年已缴纳了 2M 的税,按计算来说,其实还有 2M 的税前利润是没有缴税的。如果明年的税前利润是 6M,需要交多少税呢? 由于今年已经进行了所得税结算,所以本来今年应交的0.5M 的税被免除了。第二年即使税前利润是 6M 仍然只要交 1.5M(根据规则向下取整后为1M)的税,而无须加上今年的 0.5M。

(2)合理"避税"。

了解清楚应缴税是如何计算之后,自然就会想到利用规则里"应缴税向下取整"这一优惠政策,进行合理避税。假设系统采用 25% 的税率政策,通过预算发现当年应缴税利润是 4M 的倍数时,可以在当年进行一次贴现操作,主动增加 1M 的贴息,从而使得应税利润可以减少 1M,利用向下取整规则可以在本年避税 1M。这样的效果就相当于将 1M 的税费变成了 1M 的财务费用,对于最终的权益是不会有影响的,但是通过贴现把应收款变成了现金,增加了资金的流动性,保证了年初的广告费的充裕。但是注意,如果这个企业当年没有缴纳过税,3M 的应税利润会滚动到下一年,跟下一年的税前利润相加后扣税。

(3)交税的时间。

沙盘里,税费是在年底算出来的,但是税款不是在当年结束时支付的,因此报表里"应缴税"那一项是在负债里面体现的。直到第 2 年投放广告费的时候,应缴税款会连同到期长贷和长贷利息一起支付扣减,这在电子沙盘里有明确的提示。有的组在投放广告时系统提示说现金不足,无法投放广告,原因就是忘记除了广告费用以外,还要扣减税费、长贷利息和到期长贷。

5.申请、更新长短贷,支付利息

融资策略,不仅直接关系企业财务费用的多少,更重要的是直接影响企业的资金流。很多初学者由于没有合理安排好长短贷的融资策略,结果要么被高额的财务费用吃掉了大部分的利润,要么因为还不起到期的贷款而导致现金断流、企业破产。

在分析融资策略之前,必须明确几个基本概念。贷款的目的是为了赚钱,通俗地说就是:利用借来的钱赚比你所要支付的利息多的钱。那么这个时候只要允许,借得越多就意味着赚得越多;相反如果赚的钱还不够支付利息,那么借得越多就亏得越多。这个概念就是财务管理的 ROA、ROE 关系中利率的财务杠杆作用,因此可以简单分析出,不贷款绝不是经营企业最好的策略。

那么怎么样的贷款融资策略才是合理的呢? 教科书上说,长贷用来做长期投资,比如新建厂房和生产线、市场产品的研发投资等;短贷用来做短期周转,比如原材料采购、产品加工费用等。这样自然是最稳妥的方法,但是在高水平的沙盘比赛中,如果仅仅采用这样保守的方案,不一定可以获得最大的收益。

在比赛中,由于规则规定的长贷利率通常比短贷利率高,因此,尽量多地使用短贷的方式来筹集资金,可以有效地减少财务费用。在短贷的具体操作上,有一个技巧,大家可以从表3.2中看出来——第二年贷款,就是每个季度分别贷20M。这样做的好处就是,只要可以保证企业的权益不下降,那么次年在还掉年初第1季度到期的20M的短贷后,立即又可以申请20M的短贷,用来保证第2季度到期的20M短贷还款,如此反复,类似一个滚雪球的过程,只要企业权益不下降,就可以保证贷款额度不减少,从而保障以贷养贷策略的顺利循环。

但这也是风险相当高的一种贷款模式,因为稍有不慎,出现经营失误,或者由于预算不准,导致权益下降,那么紧接着贷款额度的下降导致你还了贷款后无法用新的贷款来弥补资金链上的空缺,就会出现现金断流而破产的局面。

表3.2 以贷养贷策略

现金预算表(第二年)				
期初库存现金	11			
市场广告投入	2		应收登记	
支付上年应交税				
支付长贷利息	1			
到期长期贷款				
新借长期贷款	30			
贴现所得				9
季初库存现金	38	36	34	18
利息(短期贷款)			1	
支付到期短贷			20	
新借短期贷款	20	20	20	20
原材料采购支付现金			14	10
厂房租/购				
转产费				
生产线投资	20	20	5	
工人工资			4	4
收到现金前所有支出	20	20	44	14
应收款到期				
产品研发投资	1	1		
支付管理费用	1	1	1	1
设备维护费用				8
市场开拓投资				3
ISO资格认证				1
其他				5
季末库存现金余额	36	34	9	6

另外如果前期大量使用长贷,也会导致财务费用过高,从而大量侵蚀了企业的利润空间,从而使得企业发展缓慢。也有的组一开始就拉满长贷,从而到了第6年要还款的时候,无法一次性筹集大量现金,而导致现金断流而破产。

但这并不是说全部长贷策略就一定失败。如果可以充分利用长贷还款压力小的特点,前期可以用大量的资金扩充产能,控制市场和产品,那么拼接前期超大产能和市场的绝对控制权,打造出不俗的利润空间,加上利用削峰平谷的分期长贷的方式(一部分在第4年还款,一部分到第5年还款),也可以达到让人意想不到的效果。

因此企业整体战略决策加上精准的财务预算,是决定长短贷比例的重要因素。只要合理调节好长短贷比例,把每一分钱都投入到最需要的地方,让它变成盈利的工具,就可以让借来的钱创造出更多的利润。

6. 原料更新/入库下原料订单

(1)零库存管理。

关于原材料的计算,采购计划排程,是ERP的核心内容之一,也是影响一个企业资金周转率的重要因素,以丰田汽车为首的汽车制造企业零库存管理方法得到了很多人的推崇,创造了明显的效益。

为什么要推崇零库存管理?因为资金是有时间成本的。简单地说,在沙盘企业经营中通常会有贷款,那就意味着用来买原材料的钱是需要支付利息的,而在沙盘模型中,原材料库存本身是不会获取利润的。因此原材料库存越多,就意味着需要更多的贷款,而增加的这部分贷款会增加财务费用的支出,同时降低资金周转率。因此减少库存是企业节约成本的一项重要举措。

沙盘模型中产品的物料清单是确定不变的,且原材料采购时间周期也是确定的,因此也可以通过明确的生产计划,准确地计算出所需原材料的种类数量,以及相应的采购时间。例如P2产品的原材料是R2+R3构成,那么假设需要在第4季度交1个P2产品,如果是自动,那么意味着第3季度就必须上线开始生产。这个时候需要R2和R3原材料都到库。由于R2原材料需要提前一个季度采购,R3原材料需要提前两个季度采购,因此,我们需要在第1季度下1个R3原材料订单,在第2季度下1个R2原材料订单。这样就可以保证在P2第3季度需要上线生产时正好有充足的原材料,同时才可以保证第4季度产品P2产品生产下线,准时交货。

这就是最基本的生产采购排成,通过精确排程计算,要做到每一个原材料订单的时候明白这个原材料是什么时候做什么产品需要的。这样才可以做到及时制管理实现零库存的目标。

(2)"百变库存"管理。

在实现"零库存"管理后,说明企业管理者已经可以熟练掌握生成排程的技能。但是"零库存"管理是基于将来产品产出不变的情况下做的安排,而实际在沙盘比赛中,经常利用柔性线转产来调整已有的一些生成计划。因此追求绝对的"零库存",就暴露出一个问题:不能根据市场选单情况及时灵活调整生产安排。因此在有柔性线的情况下,原材料采购计划应该多做几种可能性,取各种采购方案中出现的原材料数额的最大者。

例如:现有一个柔性生产线,在第2年第1季度有可能需要上线生产P2产品,也有可能上线生产 P3 产品。P2 产品由 R2+R3 构成，P3 产品由 R1+R3+R4 构成。在这种生成安排不确定的情况下，通过分析可以发现，要在第 2 年第 1 季实现任意产品的转换，需要在第一季保证有 R1、R2、R3、R4 四种原材料都有一个，这样才能保证生产线可以根据市场接单情况任意选择 P2 或 P3 开工生产。

因此要想充分发挥柔性生产线的转产优势，必须做好充分的原材料预算，将市场可能出现的拿单情况进行多可能性的分析。提前在第 1 年的第 3、第 4 季度的原材料采购订单就做好转产库存的准备，同时在第 2 年的第 1、第 2 季度减少相应的原材料订单，从而将上一年多订的预备转产的原材料库存消化掉。

做好原材料的灵活采购计划、"百变库存"管理，是保证后期的机动调整产能、灵活选取订单的基础，同时需要兼顾到资金周转率，才能发挥出柔性生产线最大的价值。

7. 购买/租用厂房

（1）租厂房与买厂房。

规则规定厂房不考虑折旧，如果购买了厂房，只是将流动资产的现金变成了固定资产的土地厂房，资产总量上并没有变化。而且通过购买厂房的方式，可以节约房产的租金。因此如果是在自有资金充裕的情况下，购买厂房比租厂房更划算。

另外，如果规则中长贷的利率是 10%，短贷的利率是 5%；大厂房的购买价格是 40M，租金 5M/年，小厂房的购买价格是 30M/年，租金 3M/年。假设用贷款去买厂房，用长贷购买大厂房所需支付利息为 4M，小厂房为 3M。用短贷购买大厂房所需支付利息为 2M，小厂房 1.5M，且贷款利息是第二年支付的。那么很显然，无论哪种方式的贷款买厂房都是不亏的。

在第 1 年初始条件下，不仅有初始资金，还有充足的贷款额度，因此在第 1 年布局阶段，通常不会出现资金紧张的局面。而第 1 年末的权益会直接影响到第 2 年企业的贷款额度，所以第 1 年往往会减少费用的支出，想尽办法控制权益的下跌。根据上述分析我们不难看出来，第 1 年开局即使利用银行贷款来购买厂房，也会减少厂房租金的费用支持，对权益的保持是非常有帮助的。当然，如果希望第 1 年大规模铺设生产线，购买厂房可能导致资金不足。

（2）大厂房与小厂房。

根据规则，大厂房可容纳 6 条生产线，小厂房可以容纳 4 条生产线。在开局阶段选择怎样的厂房开始生产，也是谋篇布局所要考虑的问题之一。

根据刚才的分析，第 1 年厂房选择购买的方式，以减少权益的损失。那么即使第 2 年初就出售，从第 2 年开始，小厂房每年租金比大厂房少 2M。以小厂房起步，为增加生产线第 3 年租用大厂房，那么会导致第 3 年厂房总租金将达到 8M，比纯租大厂房多了 3M。因此我们不能得出，如果在战略规划上，第 3 年末计划建设生产线在 5~6 条，那么开始就租大厂房，3 年下来只需要 10M 的租金（0M+5M+5M），而如果用小厂房，则需要 11M 的租金（0M+3M+8M）。

所以选择大厂房起家还是小厂房起家，要根据初始资本、市场环境等因素先做合理的产能扩张计划，然后根据企业整体长远战略规划来选择相应更具性价比的厂房策略。

(3) 厂房出售与购买。

规则提供了两种处理厂房的方式：一种是出售厂房，将厂房价值变成4个账期的应收款，如果厂房内还有生产线，那么将会扣除厂房租金；另一种是通过厂房贴现的方式，相当于直接将厂房出售后的4个账期应收款贴现，同时扣除厂房租金。

从本质上来说，两种厂房处理方式都一样，但是，由于贴现的应收款账期不用，贴息也是不同的，因此如果可以预见到资金不够需要厂房处理来变现，那么可以提前两个季度出售厂房(厂房买转租)。那么当需要现金的时候，原来4Q的应收款，就已经到了2个账期的应收款，这个时候贴息也就由12.5%降低为10%，可以有效地节省出1M的厂房贴现费用。

另外，很多企业在后期有钱了，想买厂房的时候，发现总是不能租转买。其实是因为厂房租金是先扣费用的，例如第5年的租金，可能第1季度就扣掉了，而到了第2季度的时候想租转买，是无法执行的。因为第5年全年的租金已经支付。只能等到第6年的第1季度的厂房处理的时候，将厂房由租转买。相反出售厂房，或者厂房买转租则没有这样的限制，每个季度到厂房处理步骤时都可以处理。

8. 新建/在建/转产/变卖生产线

(1) 生产线的性价比——用数据说话。

做沙盘最基本的功能就是计算，正确的决策背后一定是有一系列的数据做支撑的。套用经常说的一句话：要用数据说话。下面就生产线的性价比进行一番讨论，看看究竟怎样安排生产线最划算。

一般规则中手工线生产一个产品需要3个周期，半自动线需要2个生产周期，全自动线和柔性线仅需要1个生产周期。那么可以得出3条手工线的产能等于1条自动线的产能。而设备购买价格3条手工线需要15M，同样1条自动线也是15M，价格一样，折旧一样，可是每年的维修费中，3条手工线需要3M的维修费，1条自动线只需要1M的维修费。另外手工线比自动线多占了2个生产线的位置，分摊厂房租金下来，又是自动线的3倍。

同样的2条半自动线产能等于1条自动线产能。但是2条半自动线的购买需要20M，而制动线的购买需要15M，同时2条半制动线的折旧和维修费每年都要比制动线分别多出1M，多分摊1个生产线，那么柔性线与制动线的性价比呢？柔性线购买价格上比自动线贵5M。如果可以用满4年，那么柔性线的残值比制动线多，相当于柔性线比制动线贵4M。从规则中知道，柔性线的优势在于转产，假设自动线转产一次，这个时候需要停产一个周期，同时支付2M的转产费，由于柔性线安装周期比自动线多一个周期，因此自动线停产一个周期也相当于基本与柔性线持个周期和2M的转产费，那么很明显，柔性线可以比自动线多生产出一个产品，自然更具优势。

通过这样的比较很容易发现，如果从性价比角度出发，制动线是最具性价比的，如果同一条生产线需要转产两次或以上，柔性线是最划算的。另外如果柔性线多，利用柔性线可以随意转产的特性。可以集中生产某产品，从而灵活调整交单的顺序和时间，最大限度避免了贴现。

同样的道理，沙盘中还有很多细节，都是可以通过计算的，将未知变成已知，将不确定变成确定，这都需要有用数据说话的概念。

(2) 手工的妙用。

经过刚才分析,是不是意味着手工线就没有任何用途了呢?其实不然,手工线隐藏着另外一个非常神秘且重要的作用——救火突击队。在选单过程中,偶尔会遇到电单的数量比较实际产能大了1~2个产品,很可能就因为这一两个产品导致放弃整张订单。

其实这个时候,可以选择紧急采购一个成品,来拟补这个产能空缺。另一种方法,就是利用手工线即买即用的特点,在厂房生产线有空余的情况下,第1季度买一条手工线,那么通过3个季度的生产,可以在第4季度生产出一个产品用来交货,同时将空置的手工线立即出售。

通过突击增加手工线的方法,当年购买当年出售,不需要交维修费,即利用手工线紧急生产造成了4M的毛利,但是这样的方法比直接紧急采购产品要经济实惠得多。但注意,这个方法在使用前,必须清楚原材料是否充足,如果另外还需要紧急采购原材料,那么还需要仔细算算到底如何处理更有利了。

9. 紧急采购

紧急采购是相对不起眼的一个小规则,甚至很多队伍最初都将这个规则忽略了,认为一旦涉及紧急采购,就是亏本的买卖,不能做,事实上,恰恰是这么一个不起眼的规则,在市场选单和竞单过程中,可以发挥出奇兵的重要作用。

例如,在选单过程中,第5、第6年的国际市场,P1产品均价达到6M,而这个时候,P1产品的紧急采购价格也是6M,这就意味着,一方面,选单时如果出现大单而自己产能不够时,完全可以利用紧急采购来补充这部分的产品差额。另外还可以利用这样类似代销的模式,扩大在该市场的销售额,从而帮助企业抢到市场老大的地位,别的产品也是如此,通过紧急采购可以无形地扩大自己的产能,达到出其不意的战术效果。

另外在竞争中,由于产品提高销售价格可以是该产品直接成本的3倍。因此如果接到的订单是直接成本的3倍的价格,那么即使自己的产能不够,也可以利用紧急采购来拟补,同时因为紧急采购是随时可以购买,即买可以即卖,所以还可以在交货期上占有一定优势。

但是要注意,用紧急采购来交货并不是有副作用的,即使在成本上没有亏损,也会导致把现金变成了应收款。因为在使用该方法时要先做好预算,看现金流是否可以支撑。

10. 按订单交货

合理安排订单交货时间,配合现金预算需要,可以起到削峰平谷、减少财务费用的效果。通常来说,产出了几个就按订单交几个,尽量多地交货。但是有的时候,还应该参考订单的应收款账期来交货,使得回款峰谷与现金支出的谷峰正好匹配。

例如,已经获得了两张订单,其中一张ysuj4whP总额是20M,账期为3Qklqhg张订单为3个P1,总额为15M,账期为2Q。假设有2条自动线,第2季度正好生产出了4个P1产品可以用于交货,而通过预算发现,第4季度的研发费和下一年的广告费不足,可能会导致资金断流。这个时候,如果交的是4个P1的订单,那么很显然,在第4季度时销售货款还是1账期的应收款,如果现金周转不灵,必须通过贴现的方式将应收款变现,这样显然会增加财务费用。但是,如果第2季度不是产多少交多少,而是充分考虑的订单的应收款账期,在预算到第 4 季度的财务压力后,先交 3 个 P1 的订单,那么在第 4 季度的就可以将 15M 的应收款收回,这个时候正好可以填补支付研发费、广告费等造成的现金低谷,从而避免了贴现造成的财务费用。

因此合理安排订单交货时间和次序,关注订单的应收款账期,通过细致的预算和资金筹划,可以起到很好的节流效果。

11. 产品研发投资

在实际运营中,经常会发现,有的企业一上来还没考虑建生产线,就先投资研发产品,结果出现产品研发完成了,可是生产线还没建成,导致无法正常生产;也会出现有的企业生产线早早就建好了,但是因为产品研发没完成,导致生产线白白停工,无法投入正常的生产。

产品研发是按季度投资研发的,生产线的投资也是按季度投资建设的。那么最理想的状态应该是产品研发刚完成,生产线也刚好建成可以使用,见表 3.3。

表 3.3 产品研究

年度投资	第一年				第二年			
	1 季	2 季	3 季	4 季	1 季	2 季	3 季	4 季
产品								
P1			1	1				
P2	1	1	1	1				
P3	1	1	1	1	1	1		
P4								
大厂								
生产 P1	5	5	5	5				
P1	5	5	5	5				
P2		5	5	5				
P3				5		5		
P4								
P4								

P1 产品资格并不是从第一季度开始研发的,因为那样即使在 3 季度研发成功了,根据生产线的投资规划,也没有生产线可以生产。同样的,第 4 条 P3 生产线之所以这样跨年度建设,也是为配合 P3 产品的研发,如果提前建设好了,而 P3 产品并没有研发成功,只能是停工,且会造成第一年的资金压力。

因此产品研发投资与生产线建设投资时密切相关的,两者步调协调才能将企业有限的资源最大化地利用起来。

12. 厂房贴现/应收款贴现

关于贴现,很多人都认为贴现是增加财务费用的罪魁祸首,只有在资金周转不灵的时候,才会无可奈何地选择贴现,因此对贴现都抱着"能不贴就不贴"的态度。

但是不是不贴现就是最好的策略呢？其实未必，与贷款相似，贴现只是一种融资方式。贴现可以分为两种情况：一种是在现金流遇到困难时，迫不得已将应收款或厂房做贴现处理，如果不贴现，很有可能就出现资金断流的后果。因此这样的贴现是被动的，是被逼无奈的。而另一种贴现行为是主动的，比如在市场宽松、而资金不足的情况下，主动贴现以换取资金用于投入生产系的建设和产品的研发，从而达到迅速占领市场、扩大企业产能和市场份额的效果。这两种贴现的处境是完全不一样的，往往产生的效果也是不一样的。

在被动贴现的情况下，由于一直处于以贴还债的情况：这个季度的现金不够了，就将下一个季度应收款贴现了；虽然这个季度过去了，可是下个季度又出现了财务危机需要再次贴现。因此如果在贴现之前没有认真比较集中贴现方式，很有可能陷入连环贴现的怪圈中。

而主动贴现则不同，主动贴现出来的钱，往往都是用于扩大企业生产规模和市场份额。追求财务边际效果最大化，把钱使在刀刃上。结合之前分析贷款中所说的，贴现和利息一样都属于财务费用。如果从资产回报率的角度来看，会发现只要合理地运用贴现出来的现金，将其转换成更好的盈利工具，创造出比财务费用更高的利润，此时贴现就是有价值的。

13. 季末数额对账

一个有经验的团队，都会在进行一年操作之前先做好全年度的预算工作。但在具体执行时偶尔也会出现比较低级的操作失误，比如忘记在建工程继续投资、忘记下批生产情况，如果年底才发现，很有可能就造成无可挽回的损失了，因此每个季度末的对账工作，是对该季度计划执行另一个检验，可以帮助各个企业及时发现问题，尽早想出对策。

季末盘点现金的重要作用是可以通过分析季末现金多少，大概分析企业的资金周转率。很多新人在初期经营时都喜欢放很多现金在手上，感觉这样很有"安全感"。事实上现金是流动性最好但收益最差的资产形式。再多的现金把它"埋在地下"，无论多少年，仍然还是那么多钱不会增加。现金对于企业来说就像是人的血液，万万不能缺少，现金流一旦断链，意味着企业马上陷入破产的境地。因此在保证现金流安全的前提下，尽可能降低季末结余现金，提高资金的周转率，甚至在计算基准的前提下，将季末现金做到零，这个时候就表示应经把所有的资源都用到了极限。

14. 缴纳违约订单罚款

违约、交罚款，对于一般情况来说，都是不好的事情。但是在一些特殊的场合、特殊的情况下，结合一些特殊的战术策略，比如在有竞单规则的市场中，就可以起到化腐朽为神奇的功效。

在竞单的规则中，产品的总价是可以由各个队在产品直接成本的 1~3 倍区间中自己填写的。因此即便已经在选单市场选了订单，但是如果在竞单市场可以很高的价格出售相同产品，只要竞单市场订单价格比选单市场订单价格加上需要支付的违约金的总额要高，那么即使违约选单市场的订单，去完成竞单市场的订单，仍可以获取的利润，依然可以比选单市场的订单更丰厚。

例如：在选单市场接了一张4个P3，32M的订单，如果违约需要缴纳总价的30%，也就是9.6M的违约金，再加上1M的竞单费用，也就是说4个P3违约后的成本是42M。而在竞单市场，1个P3最高可以卖到12M，如果在竞单市场可以用42M以上的价格拿到4个P3的订单，也就不亏。如果可以满额48M获得订单，即使违约前面市场选单的订单，还可以赚到更多。况且竞单市场的账期和交货期还有很多的灵活度，而且还可以让对手猜不透你的真正产能，从而达到压制对手的目的。

15. 支付设备维修费、计提折旧

计提折旧是根据生长线使用的年限来逐年计提的。当提到设备残值时，就不需要继续计提折旧，且生产线可以继续使用。因此很多时候看到设备已经折到残值的时候，会舍不得卖掉。而设备维修费是根据设备的数量来收取的，只要设备建成了，无论有没有生产都要支付维修费了。根据这样的规则，如果比赛最终只看权益，不考虑其他综合得分的情况下，卖掉部分生产线可能起到意想不到的效果。

例如：第一年第二季度开始投资新建的自动线，连续投资3个季度，在第二年第一季度完工建成，机器设备的固定资产为15M。那么根据建成当年不折旧的规则，这条自动生产线在第3年、第4年、第5年分别计提折旧3M，那么第6年底直接将这条生产线卖掉，那么可以收回的也就是设备的残值3M现金，另外3M算为损失计入其他费用中。

比较刚才两种处理生产线的方法，从总财产的角度来看这两种处理方式貌似是一样的，但是别忘了，如果生产线没有出售，在年底的时候需要交维修费。这样一来，出售生产线的方式比不出售生产线的方式可以少支付维修费，变相地节约了开支，提高了权益，获得了意外的收获。

但是注意，该方法只针对剩余净残值或者折旧后剩余净残值的生产线。如果这条自动线是第3年建成的，那么到第6年底还有9M的设备资产，如果也出售了，会导致6M的损失，那就划不来了。

此外在淘汰旧的生产设备时，也可以从这个角度出发，看看是不是划算的。例如在继承老企业的规则中，初始盘面会有3条手工线，1条半自动线。其中P1手工线剩下2M的设备净值。在第一年经营结束时，很多人会觉得继续留着手工线，下年设备就不要折旧了，还可以继续使用，挺赚的。可是我们仔细推敲一下，就发现其中有值得探讨的内容了。

手工线一年只能产1.3个P1产品，即使P1以3M一个的毛利来计算，一年下来手工线可以带来的毛利也只有4M。另外，该手工线要扣除每年1M的维修费，同时分摊广告费、厂房租金、管理费等其他一系列费用。这样算下来，如果一直手工线生产，即使不需要折旧，也是很难盈利的，更何况他占用了生产线的位置，制约了企业的产能扩张。这样算下来就会发现，不进行设备更新，单靠老本总是难以为继的。

16. 商业情报收集/间谍

"知己知彼，百战不殆！"自古兵家谋略都极其重视竞争对手的情报收集。沙盘虽小，但想要在激烈的博弈竞争中脱颖而出，除了做好自己，还必须要收集商业情报，时刻关注竞争对手。只有这样才能从一片红海搏杀中找到蓝海，才能针对竞争对手的弱点制定相应的打击策略，才能在竞赛中吸取别人的长处，起到师夷长技以制夷的效果。

那商业情报应该了解些什么？简单地说就是把别人的企业当成自己的企业来关注，通过间谍和观盘时间，尽可能多地记录下对手信息，比如现金流、贷款额度、ISO 资质、市场开拓、产品研发、原材料的订单及库存、订单详情、生产线的类型、成品库存，然后再一组一组分析，过滤竞争对手，其中最重要的分析是提炼出竞争对手的各种产品的产能和现金流，这两个要素是在市场选单博弈中最关键的。通过竞争对手的生产线情况以及原材料采购情况，可以推测出对手的最大产能及可能进行的转产计划，甚至对每个季度可以交付几个什么产品都要了如指掌。只有这样在选单市场或竞争市场的博弈中，才可能推断出对手的拿单策略，并且针对其产能需求采取遏制或规避战术，同样，对现金流的密切监控，就可以分析出对手可能投放的广告费用多少及拿单的策略。这些信息都为市场决策提供了非常重要的决策依据。

另外，在每年的订货会中，除了做好自己选单，同时还要密切注意主要竞争对手的选单情况，不仅要记录他们销售的产品数量，甚至连交货期和账期都要做密切的关注和记录。尤其在有竞单规则的比赛中，关注对手的选单情况，就可以分析出他们在竞单市场的拿单能力，从而可以有针对性地制定竞单策略，来实现更丰厚的销售利润。关于竞单的技巧，将在竞单部分详细讨论。

17. 竞单市场

（1）竞单的具体规则。

竞单规则，是从第四届全国竞赛开始独有的一种得单模式，打破原先订单总价、交货期、账期都是事先规定好的限制，通过暗标的方式来争取市场的订单。

事先规定好在企业经营到某几年的时候开放竞单市场，竞单市场中的产品数量包含在当年的市场预测需求总量中，在正常的市场订货会之外，增加了订单竞标的环节。参与竞标的订单标明了订单编号、市场、产品、数量、ISO 要求等，而总价、交货期、账其三项为空。竞标订单的相关要求说明如下。

①投标资质：参与投标的公司需要有相应市场、产品、ISO 投放的资质。

每张中标的订单需支持 1M 标书费，计入广告费。如果已竞得单数 + 同时竞单数 > 现金余额，则不能再竞单。即必须有一定现金库存作为保证金。例如同时竞两张订单，库存现金为 2M，则可以参加竞单，如果已经竞得 1 张订单，扣除 1M 标书费，还剩余 1M 库存现金，则不能继续参加与竞单。

②投标规则：参与投标的公司须根据所投标的订单，在系统规定时间（以倒计时秒形式显示）填写总价、交货期、账期三项内容，确认后由系统按照公式计算得分，公式如下。

第四届国赛规则：

$$得分 = 100 + (5 - 交货期) \times 2 + 应收账期 - 总价$$

第五届国赛规则：

$$得分 = 100 + (5 - 交货期) \times 4 + 应收账期 - 总价$$

得分最高者中标，如果计算分数相同时，则先提交者中标。

提请注意：总价不能低于直接成本，也不能高于直接成本价的三倍。

③注意事项：竞单产品数量包含在当年的市场预测需求量中，也就是说竞单会上增加的产品数量，会减少订货会中相应产品和市场的订单数量。竞标得到的订单与参加订

货会得到的订单性质相同,累计加入该市场的销售总额,总直接影响销售排名,决定"市场老大"的归属。

(2)竞单风险分析。

竞单规则中,由于每种产品都可能卖出直接成本3倍的价格,巨大的利润对每支参赛队来说都是一种无法抵抗的诱惑,甚至可能出现极端情况——将所有销售全部押在竞单市场上。但是有竞单市场的订单数量有限,在这样的情况下,必然有组因为无法拿到足够的订单导致大量库存积压;也会因为竞争太激烈而大打价格战,出现大幅降价倾销局面,种种不确定性都大大增加了竞单市场的风险。

既然风险这么高,那是不是就不是竞单了,只要在选单市场稳稳地接单销售,保持稳定增长就可以了呢? 当然,如果采取保守策略,风险可以有效规避,大概不会有破产风险,但很有可能就会眼睁睁地看着别人大把赚钱。以 P2 产品为为例,假设你与另一组同为 P2 专业户,第四年结束权益略高于对手5M~10M。纵观大部分市场预测,P2 后期在各个市场的毛利极低,平均在3M~3.5M,而在竞单中,其最大毛利可以达到令人垂涎的6M。假设你全部在订货会上销售,而对方选择在竞单市场中销售,那么只要成功在竞单市场以最高限价卖出 3~4 个 P2 产品,毛利就会比订货多销售 8M~10M,最终净利将会实现反超。事实上大家仔细看湖南科技大学第四届国赛数据会发现,正是因为充分好利用了第五年、第六年两年的竞单市场,使最后两年权益有了质的飞跃,最终成功问鼎。

根据往年国赛的实际情况,竞单信息会提前一年下发给各个组。之所以提前下发给各组,目的就是为了给各组充分时间考虑参与竞单会的策略。由于竞单会是在订货会以后举行,这就意味着一旦没有通过竞单会销售完产品,将没有其他途径获得订单,那么只能造成产品库存。这就需要提前设计好竞单产品的品种、数量及价格、交货期、账期等因素。尤其在分配参加竞标会和选单会的产品比例上也非常关键,留下来参与竞单的产品数量越小,其风险就越小,但相对来说可能的收益也会越小,反之用于参加竞单的产品数量越大,则风险就越小,但相对来说可能收益也越小,反之用于参加竞单的产品数量越大,则风险越大,但是可能获得的利润也就越大。

因此竞单环节的引入,大大提高了比赛博弈性,要在做好周密预算的基础上,充分吃透规则、因利势导,才能达到运筹帷幄、出其不意的效果。如前所述,通过技巧性违约和紧急采购这类特殊方法,可以平衡风险和利润,达到灵活多变的效果,最终通过这样的博弈获取更高的利润。

(3)交货期与总价。

在竞单中,有三个变量时需要手工填写的总价、交货期、应收账款期。取得订单的条件是根据公式"得分 = 100 + (5 - 交货期) × 2 + 应收账期 - 总价"计算得分最高。如果总价很低、账期很长、交货期很短,得分虽然高了,但是收益相对来说就非常低了;相反如果总价很高、账期很短、交货期很长,那么导致得分低从而无法获得该订单。因此除了利用市场准入、ISO 限制等常规条件造成相对垄断情况外,如何平衡这三个变量,找到得分和收益的最佳平衡点是竞单市场成败的关键所在。

首先来看看交货期和总价平衡关系。从第四届国赛竞单公式中可以看出,假设某一单大家在应收账期同为4时,交货期每提高一季,就意味着在总价上可以增加2M的利润,如果交货期设为一季,那么最多则可在利润空间中挤出 6M~7M 的利润。在实际竞单过程中,大部分竞单数量在 2~4 个左右,那么在交货期为一的情况下,每个产品能够增加的利润幅度为 1.5M~3M 左右。

例如:5 个 P2 的竞单市场的单子,A 公司填写的总价为满额 45M,1 交货期,4 账期,那么根据公式得分为

$$100+(5-1)\times 2+4-45=67(分)$$

而 B 公司由于产能问题只能第四期交货,假设其他选择账期也为 4 账期,要想获得 47 分以上的分数,那么销售额必须低于 39M,即

$$100+(5-4)\times 2+4-39=67(分)$$

如果要尽快收回货款,则还要下降,最终可能的结果是尽管得到订单,但是利润和订货会相差无几,甚至因为过分激烈的竞争环境,将利润空间压缩得比订货会更低。如果按第五届国赛规则,更是将交货期的影响系数从 2 变成了 4,增加了一倍,那么相当于利润也就大了一倍。由此可见,交货期在竞单博弈中的重要性:交货期越靠前,就可以将总价值提高。这就意味着缩短交货期可以大大提升产品毛利,从而直接影响净利润和最终权益高低。

通过对交货期的分析,可知在订货会上应尽量选择交货期靠后的单子,尽可能将交货期早的产品留在竞单市场,以谋取更高的利润。同时交货期的另外一个影响要素是产能,产能越大,相对于说我们可以交货的产品就越多,所以间接得出,产能越大,在竞单市场中越容易获得高额的利润。

(4) 应收账期与总价。

再来说说应收账期和总价的平衡关系。从两年的公式中不难看发现,账期都没有乘以系数,因此其差异并不像交货期那样会有个放大的效应。那到底应该填满账期以期获得更好的产品总价呢?还是应该填 0 账期获得更好的现金流呢?这是个辩证的关系,因为应收款可以通过贴现方式直接转换成现金。

例如:2 个 P1 的竞单,第一季度交货,总优先的情况下总价填写满额外负担,而为了使得我的分数靠前,采用的是非曲直账期的应收账期,这样我的总分是 $100+(5-1)\times 2+4-12=100(分)$。另外一种情况就收账期为 0 账期,如果同样需要达到 100 分的得分,很容易计算得出总价应该填写为 8M,即 $100+(5-1)\times 2+0-100=8(M)$。将这两种方案一起列出来对比会发现,如果将 4 账期的确 12M 应收账款直接贴现,效果会更好,但是减去贴息后得到的现金是 10M,这样的方式显然比直接通过提前应收账期来获取现金的方式更划算。

那是不是一定是账期长的划算呢?再例如:4 个 P3 产品的竞单,都是第一季度交货,总价优先的情况下写满最大总额为 48M,而同样为了提高得分,选择最大应收账期 4 账期,这时的得分是 $100+(5-1)\times 2+4-48=64(分)$。如果应收账款优先为 0 账期,为了同样达到 64 分,我们可以得出,总价应该为 44M,即 $100+(5-1)\times 2+0-64=44(M)$。如果因为现金流紧缺,需要将应收账款全部变现,那么采用 4 账期的 48M 应收款扣除贴现费用后,只能收回 41M。比直接填写 0 账期应收款方式更不实惠。

通过这样两个例子可以看出。如果现金流非常充裕,不需要贴现,那么毫无疑问,账

期都填4账期对竞单的得分来说是最有利的,但如果现金流比较紧张,需要通过应收款贴现来补充现金流的时候,到底应该总价优先还是应收账期优先就必须根据具体的情况灵活处理。

3.2 常用策略

经营企业最为重要的一个环节就是公司的经营战略。经营什么?如何经营?怎样才能获取最高利润?这是每个公司决策层首先需要考虑的问题。很多企业在经营伊始就犯下致命错误,所以过程中绞尽脑汁也无法使企业走出困境。为了能使读者在起跑线上就能赢得先机,笔者下面列出几套成功的经典策略供读者在实战中参考。

策略1:P1,P2策略

1. 优势

该策略的研发费用较低,仅为6M。能有效控制住综合费用,进而使得利润、所有者权益能够保持在一个较高的水平,这样对于后期的发展非常有利,依照笔者的经验,第一年所有者权益控制在44M、45M为最佳,第二年实现盈利后,所有者权益会飙升至57M以上。笔者就曾以此策略在第三年扩建成10条生产线,这是迄今为止扩大产能速度最快的一种策略。当然即使环境恶劣到第二年一个产品都没有卖出而不到任何的现金,依然可以轻松地坚持到下一年。如果要迅速扩张,一定会挤压竞争对手的生存空间,这条策略无疑是最优秀的。

2. 劣势

这种策略的劣势相对不易察觉,使用该策略可以在前期建立很大的优势,但在后期通常神不知鬼不觉地被超越,该例子自从普通训练赛到国家级比赛不胜枚举。原因有二:其一,P1,P2策略在后期缺乏竞争力,当大家都扩建70条生产线的时候,P1,P2的利润显然不如P3,P4,所以被所有者权益相差20以内的对手反超不足为奇;其二,当同学用此策略建立起前期优势后,难免有些心理上的松懈,赛场如战场,形势可能一日数变,如果缺乏足够的细心和耐心处理对手的信息,被超越可能性也是很大的。

3. 关键操作步骤

以初始60M为例,详细操作如下。(此操作步骤只为一般性参考,读者切不可完全照搬,犯教条主义错误。)

(1)第一年。

第1季:研发P2扣1M,管理费扣1M,现金余额为58M;

第2季:购买小厂房扣30M,新建2条P1自动线,2条P2自动线扣20M,研发P2扣1M,管理费扣1M,现金余额6M。

第3季:借入短期贷款加20M,订购原材料R3数量为2,建生产线扣20M,研发P1,P2扣2M,管理费扣1M,现金余额为3M。

第4季:介入短期贷款40M,订购原材料R1,R2,R3数量分别为2,2,2,建生产线扣

20M,研发 P1,P2 扣 2M,管理费扣 1M,开拓全部市场扣 5M,ISO 开发 9K 扣 1M,现金余额为 14M,所有者权益为 44M。

其中研发 ISO 是因为权益保持尾数为 4 或 7 比较有利,研发也没有什么利害关系,但权益尾数为 3 或 6 时借入贷款数额比上述尾数时少了 10M,所以非迫不得已时还是要尽量控制权益尾数。

(2)第二年。

年初本地 P1 投 1M,P2 投 3M;区域 P1 投 1M,P2 投 3M,介入长期贷款 10M。

第 1 季:到货原材料 R1,R2,R3,数量分别为 2,2,2,扣 6M,订购原材料 R1,R2,R3,数量分别为 2,2,2,生产 2 个,P1 2 个 P2,管理费用扣 1M,现金余额为 25M。以下省略。

第 4 季:市场开拓国内,亚洲,国际。ISO 认证开发 9K,14K 视权益多少而定。

在卖出 6 个 P1,5 个 P2 后最终权益可以达到 57。

第 3 年的贷款全部贷出,将所有应收账款拿出贴现,接订单应多接小单,最优搭配是每季产出就能卖出,其余细节就不阐述了。

(3)使用环境。

该策略主要用在初学者的比赛中,当对手大多采用 P3,P4 时也可运用该策略。

策略 2:P2,P3 策略

这套策略可以称之为攻守兼备,推荐选择 2 条柔性线,P2,P3 各一条自动线。

1. 优势

此策略的优势在于使用者可以在比赛全程获得产品上的优势:P2 在 3,4 两年的毛利可以达到 5M/个,这时可以用三条生产线生产 P2,达到利润最大化,后期 P2 利润仍然保持在 4M 左右,而 P3 利润为 4.5M 左右,差距不是很大。此外,到后期生产 P2 的柔性线可转产其他产品。极大地增加了转产的机动性。总之,这种策略的优势概括起来就是全程保持较高的利润,无论战况如何都能处于比较有利的位置。

2. 劣势

这套策略虽然可以使经营趋于一种稳定的状态,但倘若想要有一番大的作为必须要尽可能地再添加几分大的筹码,比如后期扩张时多开几条 P4 生产线。

3. 关键操作步骤

● 因为 P3 最快也要到第二年 3 季度才能投入使用,所以应该把一条 P3 的生产线设置在 3 季度刚好能够使用,这样才能最大限度地做到控制现金流。

● 倘若读者考虑到广告等问题觉得在第二年生产 P3 没有什么必要,也可以到第三年初生产 P3,这样可以省下一条生产线的维修费用,这就也可以推迟。需要注意的是要做到生产线和研发的匹配,严格控制现金流。

● 第一年市场可以考虑不全开拓,因为产品的多元化能够起到分散销售的作用,大可不必亚洲、国际市场全开拓。ISO 方面,P2,P3 对于 ISO 14000 要求不严格,可以暂缓,但是 ISO 9000 一定要开发,因为第三年市场往往会出现 ISO 9000 标示的订单,拥有认证就能占得先机。

●第2年由于市场较小,P2产能过大,可以考虑提高P2广告,建议初学者每个市场投入4M,5M就足够了,高级别比赛则要仔细斟酌。

4. 使用环境

当所有产品中的对手分布比较均衡时,或者P1,P4市场过于拥挤时可以使用该策略。

策略3:纯P2策略

P2是一个低成本高利润的产品,前期倘若能卖出数量可观的P2产品必定能使企业腾飞。

1. 优势

投资纯P2产品需要成本仅为4M,而P2产品利润均在3.5M以上,最高的3,4两年单个产品利润可以超过5M,即便后期的5,6两年,P2产品的利润也在4M以上,倘若可以在前期拿到足够的订单,企业可以迅速崛起。

2. 劣势

由于P2产品的利润相当高,看好这块肥肉的人自然不在少数,所以极有可能造成市场紧张,导致拿不到足够的订单,风险颇大。

3. 关键操作步骤

●前期由于市场比较紧张,推荐小厂房,第二年开发完成3条P2生产线,第三年再加一条。

●第二年的广告多多益善,但总个最好不要超过10M。

●市场开拓方面建议全部开拓,在第一年的时候ISO 9000可投可不投,第四年再开发也无妨,ISO 14000前期不要开,可在第四年以后开。

●扩建生产线速度要快,能多快就多快,因为战机就在3,4两年,不可放过。

4. 使用环境

P2产品的市场不是很紧张就好,P2产品生产线占总体的40%以下均可使用。

策略4:纯P3产品策略

该策略是一款堪称经典的策略。一方面,只研发P3产品的研发费用不高,只有6M;另一方面,第三年以后P3产品的市场颇为可观。

1. 优势

无论何种级别的比赛,P3产品似乎都是鸡肋,表面看来是食之无味,弃之可惜。但如果读者能够静下心来仔细揣摩参赛者的心里就可以明白,P3产品前期不如P2产品的利润大,后期不如P4产品的利润大,而且P3产品门槛不高,这都是P3产品的明显缺陷。但正是由于这些才导致了P3产品后期利润有所增加,市场很大,故而建成10条生产线也完全可以做大做强,笔者就曾用这套策略在训练赛击败对手。

2. 劣势

因为 P3 产品的研发周期较长,所以在第二年卖不出多少,第二年真的要生产将面临生产线维修等诸多问题,需要考虑。从第三年生产就会导致权益太低,前期被压制会很辛苦,心理压力会很大,一旦失手就会输掉比赛。因此,选择这套策略一定要沉着冷静,具备很高的心理素质才行。

3. 关键操作步骤

- 推荐在第三年生产 P3 产品,如小厂房,4 条自动线。这个时候市场很大,不需要多少广告就可以卖光产品。
- 市场要全部开拓,因为产品集中。
- ISO 研发选择 ISO 9000,第三年要拥有 ISO 9000 资格,ISO 14000 可放弃。
- 如果生产 P3 产品的对手过多,可在 4 年以后增加两条 P1 产品生产线以缓解压力。
- 也可以在第二年生产 P3 产品,因为这样在第三年可以比别人多产出几个 P3 产品。

4. 使用环境

在 P2 或者 P4 被普遍看好的情况下,或参赛队生产 P3 总量不足需求量的 70% 时,适合用该策略。

策略 5:纯 P4 产品策略

纯 P4 产品策略绝对可以称为一个险招,所谓不成功则成仁。

1. 优势

该策略优势很明显,P4 产品的利润巨大,每卖出一个产品都能获得比别人多 1M 以上的利润,一条生产线可以多 4M,4 条可以多 16M,10 条就是 40M!在比赛前期,16M 意味着什么?这意味着你可以多贷出 40M 的贷款,40M 的贷款就是可以多建 3 条生产线,一般来说前期的 5M 差距到后期就可以扩大到 20M 以上,何况 16M!此外 P4 产品还有一个优势就是要进入这个市场比进入 P3 产品市场难多了,不仅多了 6M 研发费用,原料成本也是很大的,所以如果对手不在初期进入 P4 市场,后期基本进不来,所以一旦前期确立了优势,那就意味着胜利到手了。另外 P4 产品的单价极高,倘若比赛规则中有市场老大,则使用纯 P4 产品的同学可以轻易拿到市场老大,从而以最低的广告成本选择最优的订单。

2. 劣势

因为纯 P4 产品的前期投入很大,有损所有者权益,所以往往要采用长期贷款策略,但这就背负上了很大的还贷压力。而且 P4 产品的市场容量较小,一旦前期对手较多则可能导致优势减弱或者全无,陷入苦战之中,结局就会很悲惨了。例如:2009 年全国总决赛中,本科组 28 支队伍中研发生产 P4 产品的队伍在第二年达到了 16 支,这直接导致了所有走纯 P4 产品路线的队伍在第四年全部退出了竞争的行列,无一幸免。

3. 关键操作步骤

- 前期需要借长期贷款,对于初学者来说基本上要借出 150M,控制长期贷款的利息是很困难的,小心谨慎。

● 可以使用短期贷款,但操作中难度较大,不建议初学者使用。

● 倘若竞争对手很多,一定要在市场上击垮对手,因为P4产品在前期市场比较紧,只要有一次接不到合适的订单,基本就很难生存下去了,能坚持到最后的才是王者,所以,千万不要吝啬广告。

● 如果要运用短期贷款,前期一定要控制权益,ISO不要开发,市场可以缓开拓一个,等到第三、第四年,现金流情况环节再开拓也不迟。

4. 使用环境

只要P4产品市场不是很紧张就可以,P4产品生产线占总生产线数的25%以下就可放心使用。

策略6:P2产品,P4产品策略

这套策略可以视为保守的P4产品策略,道理浅显易懂。

1. 优势

前期在P4产品订单数不足时可以将一定的产能分散到P2产品的市场,保证了第二年的盈利,这样就可以解决纯P4产品策略的长贷利息问题使用短期贷款,第二年的利润就可以大大增加,以便提高扩建生产线的速度。此外P2产品,P4产品的搭配对于夺得市场老大也是很有优势的,两个产品进攻同一个市场,一般的对手谁能挡得住?

2. 劣势

前期研发费用有16M,太高了,而且生产这两种产品的生产成本很高,资金流转速度太慢,需要较高的控制水平。

3. 关键操作步骤

● 短贷在第3,4季度各借20M,二季度买小厂房30M。2条P2产品线,2季度开建4季度完成投资;建2条P4生产线,4季度开建下年4季度完成投资。

● 第一年市场开4个,ISO不开,保持40M的所有者权益。

● 第二年广告尽可能少投,长期贷款不借,各季度短期贷款分别为20M,40M,40M,20M。

● 第二年市场全开,ISO视所有者权益的多少开拓,权益在47以上可以全部开掉。

4. 使用环境

该策略适用于已有市场老大且P4产品竞争对手较多时,当然也要根据市场环境适当进行调整,灵活把握,避免犯教条主义错误。

项目 4

ERP 实物沙盘经营

4.1 ERP沙盘模拟课程设计

ERP沙盘模拟课程可分为实物沙盘经营和电子沙盘经营两种形式。实物沙盘经营的优点是形象直观,灵活性高,教师掌握自由度大,经营气氛好,适合初学者;缺点是组织要求高,监控难度大,一次参与不宜超过10组。电子沙盘可独立运行,也可以结合实物沙盘运行,其优点是监控容易,一次参与队数较多,从2007年起,"用友杯"沙盘模拟大赛就是采用这种形式。

本章主要介绍实物沙盘经营过程。课程的展开可分为6个阶段,见表4.1。

表4.1 课程不同阶段内容

序号	课程阶段	具体内容
1	组织准备工作	分组(4~6人/组),角色定位,明确经营目标
2	基本情况描述	了解股东期望、企业目前财务状况、市场占有率、产品、生产设施、盈利能力
3	企业运营规则	市场划分与准入,选单,生产线,融资,原料,产品,ISO
4	初始状态设定	接手一家已经经营三年的企业,将企业现状展现在盘面上
5	企业经营竞争模拟	战略制定,融资,订单争取及交货,购买原料及下订单,流程监督,规则明确,关账
6	现场案例解析	管理者反思,教师点评,体会得失

4.2 新管理层接手

在模拟运营之前,首先需要对企业有一个大致的了解,这是一家典型的离散制造型企业,已经创建三年,长期以来专注于某行业P系列产品的生产与经营。企业的整体状况如图4.1所示。

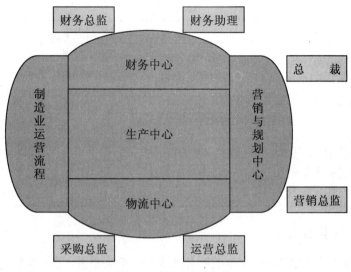

图 4.1 ERP 沙盘企业

该企业由 4 个中心组成,分别为营销与规划中心、财务中心、生产中心、物流中心。目前企业拥有自主厂房——大厂房,其中安装了三条手工线和一条半自动线,均生产 P1 产品,几年以来在本地市场销售,声誉良好,客户较为满意。

4.2.1 组织准备

企业管理层墨守成规,导致企业缺乏活力。股东大会从长远发展考虑,决定将企业交由一批新人去发展,希望新管理层能够把握机遇,投资新产品,开发新市场,扩大规模,采用现代化生产手段,带领企业实现腾飞。同时考虑到新人缺乏经验,决定第一年由原 CEO 带领新管理层经营,为将来新管理层独立经营打下良好基础。

管理层角色与分工见表 4.2。

表 4.2 管理层分工

角色	职责	使用表单	备注
CEO	综合小组各个角色提供的信息,决定本企业每件事做还是不做,对每件事情的决策及整体运营负责	经营流程表	初始模拟年由老 CEO 辅助新 CEO
财务总监	日常财务记账和登账,向税务部门报税,提供财务报表,日常现金管理,企业融资策略制定,成本费用控制,资金调度与风险管理,财务制度与风险管理,财务分析与协助决策——保证各部门能够有足够的资金支撑	经营流程表、财务报表、资金预算表	可下设财务助理,承担部分职责
生产总监	产品研发管理,管理体系认证,固定资产投资,编制生产计划,平衡生产能力,生产车间管理,产品质量保证,成品库存管理,产品外协管理	生产计划及原料订购计划	可下设生产助理,承担部分职责

续表4.2

角色	职责	使用表单	备注
营销总监	市场调查分析,市场进入策略,产品开发策略,广告宣传策略,制订销售计划,争取订单与谈判,签订合同与过程控制,按时发货,应收款管理,销售绩效分析,透彻地了解市场并保证订单的交付	市场预测 订单登记表 产品销售核算统计表 市场销售核算统计表 组间交易明细表	可下设营销助理,承担部分职责
采购总监	编制采购计划,供应商谈判,签订采购合同,监控采购过程,到货验收,仓储管理,采购支付抉择,与财务部协调,与生产部协同	生产计划及原料订购计划	本岗位任务相对较轻,可以协助其他岗位承担部分职责

4.2.2 基本情况

新领导班子接手时,需要对企业的财务状况有一个完整的了解,考察企业的综合费用表、利润表及资产负债表,见表4.3。

表4.3 接手时企业财务报表

(a)综合费用表

项目	金额/M
管理费	4
广告费	3
设备维护费	4
其他损失	0
转产费	0
厂房租金	0
新市场开拓	0
ISO 资格认证	0
产品研发	0
信息费	0
合计	11

(b)利润表

项目	金额/M
销售收入	35
直接成本	12
毛利	23
综合费用	11
折旧前利润	12
折旧	4
支付利息前利润	8
财务费用	4
税前利润	4
所得税	1
年度净利	3

(c)资产负债表

项目	金额/M	项目	金额/M
现金	20	长期负债	40
应收款	15	短期负债	0
在制品	8	应交所得税	1
产成品	6		
原材料	3		
流动资产合计	52	负债合计	41
厂房	40	股东资本	50
生产线	13	利润留存	11
在建工程	0	年度净利	3
固定资产合计	53	所有者权益合计	64
资产总计	105	负债和所有者权益总计	105

综合费用表是用于记录企业在一个会计年度中发生的各项费用。在 ERP 沙盘经营中,其明细如表 4.3(a)中所列,在上个年度中,企业支出综合费用共 11M。

利润表是企业在一定期间的经营成果,表现为企业在该期间所取得的利润。它是企业经济效益的综合体现,又称为损益表或收益表。从表 4.3(b)中可以得出,该企业在上一个年度赢利 3M,尚欠 1M 税金,需要在下一个年度支付。

资产负债表是企业对外提供的主要财务报表。它根据资产、负债和所有者权益之间的相互关系,即"资产=负债+所有者权益"的恒等关系,按照一定的分类标准和一定的次序,把企业特定的日期资产、负债和所有者权益三项会计要素所属项目予以适当排列,并对日常会计工作中形成的会计数据进行加工、整理后编制而成。其主要目的是反映企业在某一特定目的的财务状况。通过资产负债表,可以了解企业所掌握的经济资源及其分布情况,了解企业的资本结构,分析、评价、预测企业的短期偿债能力和长期偿债能力,正确评估企业的经营业绩。

4.2.3 企业初始状态

从资产负债表和利润表可以了解企业的财务状况及当年经营成果,但无法得到更为细节的内容,如长期借款何时到期,应收账款何时可以回拢。为了让所有企业有一个公平的竞争环境,需要统一设定企业的初始状态,分布在沙盘盘面上。

特别提示 在 ERP 沙盘模拟中,以季度(Q)为经营时间单位,1 年分成 4 个季度。

1.经营要素

ERP 沙盘模拟企业以灰币表示现金(资金),一个灰币代表一百万;红、黄、蓝、绿四种彩币表示原材料,分别代表 R1、R2、R3、R4,每种原材料价值一百万,以灰币和彩币组合表示产品(仓库中)或在制品(生产线上);以空桶表示原材料订单。各经营要素如图 4.2 所示。

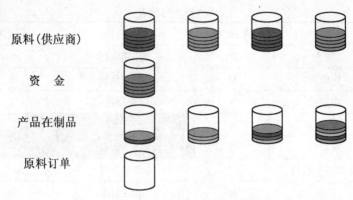

图 4.2　ERP 沙盘经营要素

2. 生产中心

企业生产中心有 2 个厂房,其中大厂房有 6 条生产线位,小厂房有 4 条生产线位,目前企业拥有大厂房,价值 40M;4 条生产线,其中有 3 条手工线和 1 条半自动线,扣除折旧,目前手工线账面价值(净值)为 3M/条,半自动线账面价格(净值)为 4M/条。财务总监去教师处领 4 个空桶,分别置入 3M、3M、3M、4M,并放置于生产线下方的"生产线净值"处;4 条生产线均有 P1 在制品,并且分别处于图示生产周期;再放 2 个满桶灰币于厂房价值处,表示拥有价值 40M 的厂房。生产中心如图 4.3 所示。

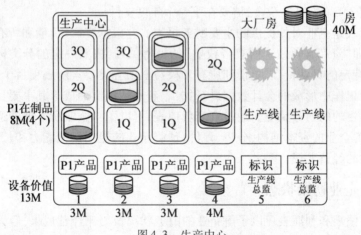

图 4.3　生产中心

3. 物流中心

P1 成品库存有 3 个成品,每个成品由 1 个 R1 及 1M 加工费构成。生产总监、财务总监、采购总监合作将 3 个 P1 放置在成品库中。另有 3 个 R1 原材料,每个价值 1M;还有 2 个 R1 订单;采购总监用 2 个空桶放置于 R1 订单处,R1 需要提前一个季度订货,采购价 1M/个。物流中心如图 4.4 所示。

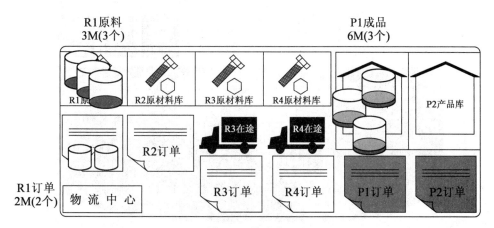

图 4.4 物流中心

4. 财务中心

企业有现金一桶,即 20M,3Q 应收款 15M,4 年、5 年期长期贷款各 20M。另外企业还有 1M 应交所得税(图中未显示),需要在下年度初支付现金。财务中心如图 4.5 所示。

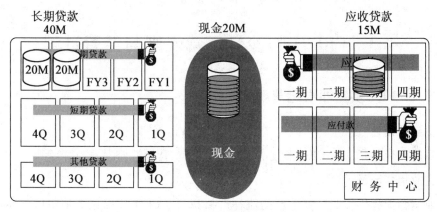

图 4.5 财务中心

特别提示 长期贷款以年为单位,最长可以借 5 年,盘面上位置越靠近现金,还款日期越早。应收款及短期贷款均以季度(Q)为单位。图 2.5 所示应收账款再过 3Q 可以收现。

5. 营销与规划中心

目前该企业拥有 P1 生产资格,本地市场准入资格,还有 3 个产品生产资格、4 个市场准入资格及 2 个 ISO 资格认证待开发。营销总监将相应标牌放置到正确位置,如图 4.6 所示。

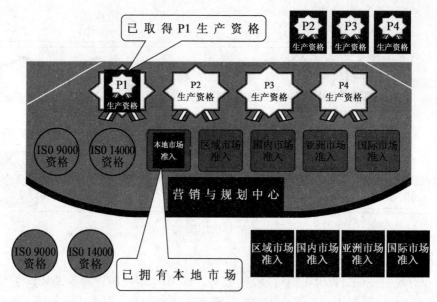

图 4.6 营销与规划中心

4.3 ERP实物沙盘运营规则与经营过程

4.3.1 ERP实物沙盘运营规则

1. 参赛队角色

参赛队角色包括总裁CEO、财务总监、生产总监、营销总监、采购总监等。

2. 企业运营流程

企业运营流程需按照竞赛手册的流程严格执行。CEO按照任务清单中指示的顺序发布执行指令。每项任务完成后，CEO需在任务后对应的方格中打钩，并由CFO在任务后对应的方格内填写现金收支情况。

各企业监督员将对企业运行进度予以同步记录。所有操作必须严格按步骤顺序执行，所有对完成后的任务进行修改或颠倒顺序执行的操作均视为违规行为，监督员有权取消任何违规操作。

在运行过程中，有如下操作可以随时进行，见表4.4。

表4.4 贴现与OQ账期订单订货处理

任务名称	操作
贴现	1. 中断正常操作任务 2. 企业在"应收账款登记表"中登记相关项目，交监督员审查 3. 执行贴现操作

续表4.4

任务名称	操 作
账期为0Q的销售订单交货	1. 中断当前操作任务 2. 携带产品和销售订单到交易处交货 3. 领取现金 4. 将收到的现金数额记入当季度的应收账款到期

3. 市场开发

市场开发按照表4.5所列规定进行。

表4.5 市场开发

市场	每年投资额	投资周期	全部投资总额	操 作
本地	无			直接获得准入证
区域	1M	1年	1M	1. 将投资放在准入证的位置处 2. 当完成全部投资时,到裁判处换取相应的市场准入证
国内	1M	2年	2M	
亚洲	1M	3年	3M	
国际	1M	4年	4M	

规则说明:每个市场开发每年最多投入1M,允许中断或终止,不允许超前投资。投资时,将1M投入到"市场准入"的位置处,并将投资额记录到"市场开发登记表"中,监督员签字。当投资完成后,带着某市场的全部开发费到裁判组换取市场准入证,并将准入证放在盘面的相应位置处。只有拿到准入证才能参加相应市场的订货会。

4. 产品研发和生产

(1)产品研发。

要想生产某种产品,先要获得该产品的生产许可证。而要获得生产许可证,则必须经过产品研发。P1产品已经有生产许可证,可以在本地市场进行销售。P2、P3、P4产品都需要研发至少6个季度,才能获得生产许可。研发需要分期投入研发费用。产品研发按照表4.6的规定进行。

表4.6 产品研发

产品	每季度投资金额	最小投资周期	操作说明
P2	1M	6Q	1. 每季度按照投资额将现金放在生产资格位置,并填写"产品开发登记表",每年监督员审查该表,并签字 2. 当投资完成后,带所有投资的现金和"产品开发登记表"到裁判处换取生产许可证 3. 只有获得生产许可证后才能开工生产该产品
P3	2M	6Q	
P4	3M	6Q	

规则说明:产品研发可以中断或终止,但不允许超前或集中投入。已投资的研发费不能回收。开发过程中不能生产。

(2)产品原材料、加工费及成本统计表见表4.7。

表4.7 产品原材料、加工费及成本统计表

产品	原材料	原料价值	加工费（手工/半自动/自动/柔性）	直接成本
P1	R1	1M	1M	2M
P2	R1 + R2	2M	1M	3M
P3	2×R2 + R3	3M	1M	4M
P4	R2 + R3 + 2×R4	4M	1M	5M

(3)原材料采购。

采购原材料需经过下原料订单和采购入库两个步骤，这两个步骤之间的时间差称为订单提前期，各种原材料提前期见表4.8。

表4.8 原材料提前期时间表

原材料	订单提前期
R1（红色）	1Q
R2（橙色）	1Q
R3（蓝色）	2Q
R4（绿色）	2Q

规则：
①没有下订单的原材料不能采购入库；
②所有下订单的原材料到期必须采购入库；
③原材料采购时必须支付现金；
④所有原材料只能到供应商处购买，公司之间不能进行原材料交易。

5. ISO 认证

国际认证需投入的时间及认证费用见表4.9。

表4.9 国际认证需投入的时间及认证费用

ISO 类型	每年投资金额	最小投资周期	操作说明
ISO 9000	1M	2年	1. 每年按照投资额将投资放在 ISO 证书位置，并填写"ISO 认证登记表"，每年末，由监督员审核，并签字 2. 当投资完成后，带所有投资和"认证登记表"，到裁判处换取 ISO 资格证 3. 只有获得 ISO 资格证后才能在市场中投入 ISO 广告
ISO 14000	1M	3年	

规则说明：ISO 认证需分期投资开发，每年一次，每次1M。可以中断投资，但不允许集中或超前投资。

6. 生产线

生产线购买、转产、维修、出售见表 4.10。

表 4.10 生产线购买、转产、维修、出售

生产线	购置费	安装周期	生产周期	转产费	转产周期	维修费	出售价
手工线	5M	无	3Q	无	无	1M/年	1M
半自动	8M	2Q	2Q	1M	1Q	1M/年	2M
自动线	16M	4Q	1Q	4M	2Q	1M/年	4M
柔性线	24M	4Q	1Q	无	无	1M/年	6M

规则说明：

（1）购买生产线。

购买生产线须按照该生产线安装周期分期投资并安装，如自动线安装操作可按表 4.11 进行。

表 4.11 自动线安装

操作	投资额	安装完成
1Q	4M	启动 1 期安装
2Q	4M	完成 1 期安装，启动 2 期安装
3Q	4M	完成 2 期安装，启动 3 期安装
4Q	4M	完成 3 期安装，启动 4 期安装
5Q		完成 4 期安装，生产线建成

投资生产线的支付不一定需要连续，可以在投资过程中中断投资，也可以在中断投资之后的任何季度继续投资，但必须按照上表的投资原则进行操作。

注：
- 一条生产线待最后一期投资到位后，必须到下一季度才算安装完成，允许投入使用；
- 生产线安装完成后，必须将投资额放在设备价值处，以证明生产线安装完成；
- 企业间不允许相互购买生产线，只允许向设备供应商（裁判）购买。
- 生产线不允许在厂房之间移动。

（2）生产线维护。

必须交纳维护费的情况：

生产线安装完成，不论是否开工生产，都必须在当年交纳维护费；

正在进行转产的生产线也必须交纳维护费。

免交维护费的情况：

凡已出售和正在建设的生产线不交纳维护费。

（3）生产线折旧。

每条生产线单独计提折旧，每次按生产线净值（不减残值）的 1/3 取整提取折旧，少

于3M时每次折旧1M,直到提完为止。当年新建成的生产线不提折旧,对已全部提完折旧的设备,仍可继续使用。

(4)生产线变卖。

生产线变卖时,将变卖的生产线按出售价从设备净值取出等量的资金放入现金区,多于的部分放入其他费用,并将生产线交还给供应商即可完成变卖。如果生产线净值为零,则直接取消该生产线即可,不需要转移任何价值;如果设备净值低于该生产线的出售价,则将全部净值转入现金即可。有在制品的生产线不允许出售。

7. 厂房购买、租赁、出售

厂房购买、租赁、出售见表4.12。

表4.12 厂房购买、租赁、出售

厂房	买价	租金	售价	容量
大厂房	40M	5M/年	40M(4Q)	6条生产线
小厂房	30M	3M/年	30M(4Q)	4条生产线

年底决定厂房是购买还是租赁,出售厂房计入4Q应收款,购买后将购买价放在厂房价值处,厂房不提折旧。

8. 企业融资

企业间不允许私自融资,在经营期间,只允许向银行贷款。

银行贷款的品种见表4.13。

表4.13 银行贷款

类型	额度	利息	归还方式
长期贷款	上年权益的两倍 (基本贷款单位20M)	10%/年	每年支付利息,到期还本
短期贷款	上年权益的两倍 (基本贷款单位20M)	5%/年	利随本清
高利贷	20M	20%/年	利随本清

规则说明:

(1)长期和短期贷款信用额度。

各自为上年权益总计的2倍,长、短期贷款必须按20的倍数申请。如果权益为11~19,只能按10的2倍申请短期贷款,如果上年权益低于10M,将不能获得长、短期贷款。

(2)贷款规则。

①长期贷款每年必须归还利息,到期还本,本利双清后,如果还有额度时,才允许重新申请贷款。即如果有贷款需要归还,同时还拥有贷款额度时,必须先归还到期的贷款,才能申请新贷款。不能以新贷还旧贷,短期贷款也按本规定执行。

②结束年时,不要求归还没有到期的各类贷款。

③长期贷款最多可贷5年。

④借入各类贷款时,需要财务总监填写"贷款记录表",需记录上年权益、已贷款额度、需要贷款额度,监督员审核后方可执行。

⑤高利贷和短贷的贷款周期必须为四个季度。

(3)高利贷规则。

高利贷的额度为20M,即各公司的盘面上最多只能有20M的高利贷。高利贷按照短期贷款规则处理,只能在短贷申请时间申请或归还。

注:凡借入高利贷的企业均按3分/次扣减总分。

(4)贴现规则。

不论哪个账期的应收款,均按照6∶1的比例进行贴现,即从应收账款中取7M、6M现金,1M放入贴现费用(最多只能贴现7的倍数),只要有应收账款,可以随时贴现。

9. 运行记录及违规扣分

所有参赛队员均有一本运行手册,每人必须同步顺序记录运行任务,即当执行完规定的任务后,每人都要在任务清单完成框中打钩。当到交易处进行贷款、采购原材料、交货、应收款兑现等业务时,必须携带运行手册和相关的登记表。在运行过程中,必须填制管理所需的各种表格。

(1)借、还贷款记录。

由财务总监填写"贷款登记表",经监督员审查无误,带到银行处登记,领取或归还贷款。

(2)原材料订单及采购入库记录。

原材料订单和采购入库必须填写"采购订单登记表",当每季度采购入库时,携带现金和该表到交易处购买原材料,交易员核对订单并进行交易,同时,应将下期的原材料订单在交易处进行登记。

(3)交货记录。

交货时携带产品、订单、订单登记本(销售总监的运行手册)到交易处交货,并收取应收账款,收到的应收账款放在企业盘面上应收区的相应账期处,并在"应收款登记表"上做应收账款登记,由监督员进行审核。

(4)应收兑现记录。

当应收款到期时,在"应收账款登记表"的到期季度填写"到款"数,并注销原应收账款数,监督员对"应收账款登记表"做审核。

(5)产品、市场开发、ISO认证记录。

每年年末需填写"产品开发登记表""市场开发登记表"和"ISO认证登记表",对本年度的投资进行记录,并由监督员签字。

(6)生产状态记录。

企业运行期间,每季度末需要对本季度生产和设备状态进行记录,生产总监必须如实填写"生产及设备状态记录表",该表每年必须上交。

(7)现金收支记录。

在运行手册的任务清单中,每一任务完成记录框右侧,都有一个记录数据的位置,这个位置就是用来记录现金收支数据的。

(8)上报报表。

每年运行结束后,各公司需要在规定的时间内上报裁判组5张报表,这5张报表分别是"产品销售统计表""综合费用明细表""利润表""资产负债表"和"生产及设备状态记录表"。前4张报表直接在运行手册上填写,"生产及设备状态记录表"为单独报表。

(9)违规及扣分。

竞赛最终是以评分为判别优胜标准。在企业运行过程中,对于不能按照规则运行的企业和不能按时完成运行的企业,在最终竞赛总分中,给予减分的处罚。

①运行超时扣分。

运行超时是指不能按时提交报表的情况。处罚:按每次扣除5分,超过15分钟还不能提交报表时,按自动退出比赛处理。

上报的报表必须是账实相符的报表,如果发现上交的报表有明显错误(如销售统计与利润表不符、资产负债表不平等),退回重新更正并罚5分。

②违规扣分。

在运行过程中有颠倒任务执行顺序运行,不如实填写管理表单的情况,经核实按5分/次的罚分,并在最后的总分中扣除。

10. 市场订单

(1)市场预测。

各公司可以用信任的客户需求数据进行预测,各公司可以根据市场的预测安排经营。

(2)广告费。

投入广告费有两个作用:一是获得拿取订单的机会,二是判断选单顺序。

投入1M广告费,可以获得一次拿取订单的机会,一次机会允许取得一张订单;如果要获得更多的拿单机会,每增加一个机会需要投入2M广告,比如,投入5M广告表示有三次获得订单的机会,最多可以获得3张订单。

如果要获取有ISO要求的订单首先要开发完成ISO认证,然后在每次的投入广告时,要在ISO 9000和ISO 14000的位置上分别投放1M的广告,或只选择ISO 9000或ISO 14000,这样就有资格在该市场的任何产品中,取得标有ISO 9000或ISO 14000的订单(前提是具有获得产品的机会),否则,无法获得有ISO规定的订单。

(3)选单流程。

①各公司将广告费按市场、产品填写在广告发布表中;

②产品确定所有公司对订单的需求量;

③根据需求量发出可供选择的订单,发出订单的数量依据以下原则:

●如在某个产品各公司的总需要量(根据广告费计算)大于市场上该产品的总订单数,则发出该产品的全部订单,供各公司选择;比如各公司需要8张订单(根据广告费计算），市场上有 7 张订单，则可供选择的订单为 7 张；

● 如果对某个产品各公司的总需求量小于市场上该产品的订单总数且有大于一家的公司投放了该产品的广告（非独家需求），将按照订单的总需求量（所有公司对订单的需求总和）发出订单，供有需求的公司选择；

● 如果在一个产品上只有一家公司投放了广告即为独家需求，将全部放单供该公司选择。

④排定选单顺序，选单顺序依据以下顺序原则确定：

● 市场老大优先，即上年该市场所有产品订单销售额第一，且完成所有订单的公司，本年度在该市场的任何产品上可以优先选单（前提是在产品上投放了广告费）；

● 按照在某一产品上投放广告费用的多少，排定选单顺序；

● 如果在一个产品投入的广告费相同，按照本次市场的总投入量（所有产品上投入广告的合计加上 ISO 9000 和 ISO 14000 的广告投入），排定选单顺序；

● 如果该市场广告总投入量一样，按照上年的市场销售排名（上年该市场所有产品的销售总和）排定选单顺序；

● 如果上年市场销售排名一样（包括新进入的市场），则按需要竞标，即把某一订单的销售价、账期去掉，按竞标单位所出的销售价和账期（按出价低、账期长的顺序）决定获得该订单的公司。

⑤按选单顺序分轮次进行选单，有资格的公司在各轮中只能选择一张订单。当第一轮选单完成后，如果还有剩余的订单，还有机会的公司可以按选单顺序进入下一轮选单。

（4）订单。

订单类型、交货时间要求及取得订单的资格列于表 4.14。

表 4.14　订单信息统计表

订单类型	交货时间	获得订单资格要求
普通订单	本年度任何法定的交货时间（4 个季度中规定的交货时间）	
加急订单	本年度第一个法定交货日（第一季度中规定的交货时间）	
ISO 9000 订单	本年度任何法定的交货时间（4 个季度中规定的交货时间）	具有 ISO 9000 证书，且本年在该市场投入 1M ISO 9000 广告费
ISO 14000 订单	本年度任何法定的交货时间（4 个季度中规定的交货时间）	具有 ISO 14000 证书，且本年在该市场投入 1M ISO 14000 广告费

（5）市场放弃原则。

当第一次进入市场后，以后年份要保持该市场的准入，每年最少在该市场的任意产品广告处投放 1M 广告。如果违反此规定，视为自动退出该市场，取消该市场的准入（收回市场准入证）。如果还想进入该市场，需要重新投资开发。特别注意的是，如果退出本地市场，则永远不能进入本地市场。

(6) 关于违约问题。

除特殊订单外,所有订单要求在本年度完成(按订单上的产品数量交货)。如果订单没有完成,按下列条款加以处罚:

①下年市场地位下降一级(如果是市场第一的,则该市场老大空缺,所有公司均没有优先选单的资格)。

②违约订单可在下年的任何一个规定的交货时间(四个季度中规定的交货时间)交货,但下年必须先交上违约的订单后,才允许交下年各市场的正常订单。

③交货时扣除订单销售总额25%(销售总额/4 取整)的违约金,如订单总额为20M,交货时只能获得15M 的货款,违约订单的实际收入计入交货年份。

④对于加急订单的违约,除下年市场地位下降一级外,违约订单必须在本年度其余三个规定的交货日中交货,且必须先交该加急订单后,才能交本年度其他订单(包括其他市场的订单)。交单时,扣除违约订单销售总额的25%(销售总额/4 取整),实际收入计入当年的销售收入。

⑤按10 分/次的罚分,并在最后的总分中扣除。

11. 竞赛评比

破产规定:当所有者权益小于零(资不抵债)时,或当企业到还款日(4 个季度中规定的短期贷款还款期或每年年末的长期贷款还款期),企业没有能力归还银行贷款时,均视为破产。破产后,企业退出比赛。

比赛结果以参加比赛各队的最后权益、生产能力、资源、市场地位等进行综合评分,分数高者为优胜。

但在综合得分项目中,以下情况是不能得分的:

①企业购入的生产线,只要没有生产出一个产品,都不能获得加分。

②结束年中没有完成订单的企业,取消所有市场老大的资格,不能获得市场第一的加分。

③已经获得各项资格证书的市场、ISO、产品才能获得加分,正在开发但没有完成的,不能获得加分。

④各年报表必须在规定的时间内上报,如果超时上报,扣除总分5 分/次,报表上报延时超过15 分钟,取消比赛资格。

⑤对于各年上报的不正确报表,一经确定,扣除总分5 分/次。

⑥高利贷扣除总分3 分/次。

⑦报表有违规记录的,按罚分总数减总分。

违约订单按10 分/次的罚分,并在最后的总分中扣除。

4.3.2 ERP 手工沙盘经营流程

起 始 年				
企业经营流程 请按顺序执行下列各项操作。				
新年度规划会议	■	■	■	■
参加订货会/登记销售订单	■	■	■	■
制订新年度计划	■	■	■	■
支付应付税	■	■	■	■
季初现金盘点（请填余额）				
更新短期贷款/还本付息/申请短期贷款（高利贷）				
更新应付款/归还应付款				
原材料入库/更新原料订单				
下原料订单				
更新生产/完工入库				
投资新生产线/变卖生产线/生产线转产				
向其他企业购买原材料/出售原材料				
开始下一批生产				
更新应收款/应收款收现				
出售厂房				
向其他企业购买成品/出售成品				
按订单交货				
产品研发投资				
支付行政管理费				
其他现金收支情况登记				
支付利息/更新长期贷款/申请长期贷款	■	■	■	
支付设备维护费				
支付租金/购买厂房	■	■	■	
计提折旧	■	■	■	（ ）
新市场开拓/ISO 资格认证投资	■	■	■	
现金收入合计				
现金支出合计				
期末现金对账（请填余额）				

订单登记表

订单号									合计
市场									
产品									
数量									
账期									
销售额									
成本									
毛利									
未售									

产品核算统计表

	P1	P2	P3	P4	合计
数量					
销售额					
成本					
毛利					

综合管理费用明细表

单位:百万

项目	金额	备 注
管理费		
广告费		
保养费		
租 金		
转产费		
市场准入开拓		□区域　□国内　□亚洲　□国际
ISO 资格认证		□ISO 9000　□ISO 14000
产品研发		P2(　) P3(　) P4(　)
其 他		
合 计		

利 润 表

项　　目	上 年 数	本 年 数
销售收入	35	
直接成本	12	
毛利	23	
综合费用	11	
折旧前利润	12	
折旧	4	
支付利息前利润	8	
财务收入/支出	4	
其他收入/支出		
税前利润	4	
所得税	1	
净利润	3	

资产负债表

资产	期初数	期末数	负债和所有者权益	期初数	期末数
流动资产：			负债：		
现金	20		长期负债	40	
应收款	15		短期负债		
在制品	8		应付账款		
成品	6		应交税金	1	
原料	3		一年内到期的长期负债		
流动资产合计	52		负债合计	41	
固定资产：			所有者权益：		
土地和建筑	40		股东资本	50	
机器与设备	13		利润留存	11	
在建工程			年度净利	3	
固定资产合计	53		所有者权益合计	64	
资产总计	105		负债和所有者权益总计	105	

第　　年

企业经营流程 请按顺序执行下列各项操作。				
新年度规划会议		■	■	■
参加订货会/登记销售订单		■	■	■
制订新年度计划		■	■	■
支付应付税		■	■	■
季初现金盘点(请填余额)				
更新短期贷款/还本付息/申请短期贷款(高利贷)				
更新应付款/归还应付款				
原材料入库/更新原料订单				
下原料订单				
更新生产/完工入库				
投资新生产线/变卖生产线/生产线转产				
向其他企业购买原材料/出售原材料				
开始下一批生产				
更新应收款/应收款收现				
出售厂房				
向其他企业购买成品/出售成品				
按订单交货				
产品研发投资				
支付行政管理费				
其他现金收支情况登记				
支付利息/更新长期贷款/申请长期贷款		■	■	
支付设备维护费		■	■	
支付租金/购买厂房		■	■	
计提折旧		■	■	(　)
新市场开拓/ISO 资格认证投资		■	■	■
现金收入合计				
现金支出合计				
期末现金对账(请填余额)				

现金预算表

	1	2	3	4
期初库存现金				
支付上年应交税				
市场广告投入				
贴现费用				
利息（短期贷款）				
支付到期短期贷款				
原料采购支付现金				
转产费用				
生产线投资				
工人工资				
产品研发投资				
收到现金前的所有支出				
应收款到期				
支付管理费用				
利息（长期贷款）				
支付到期长期贷款				
设备维护费用				
租金				
购买新建筑				
市场开拓投资				
ISO 认证投资				
其他				
库存现金余额				

要点记录

第一季度：_____

第二季度：_____

第三季度：_____

第四季度：_____

年底小结：_____

订单登记表

订单号							合计
市场							
产品							
数量							
账期							
销售额							
成本							
毛利							
未售							

产品核算统计表

	P1	P2	P3	P4	合计
数量					
销售额					
成本					
毛利					

综合管理费用明细表

单位:百万

项目	金额	备注
管理费		
广告费		
保养费		
租金		
转产费		
市场准入开拓		□区域　□国内　□亚洲　□国际
ISO 资格认证		□ISO 9000　□ISO 14000
产品研发		P2(　)　P3(　)　P4(　)
其他		
合计		

利 润 表

项　　目	上 年 数	本 年 数
销售收入		
直接成本		
毛利		
综合费用		
折旧前利润		
折旧		
支付利息前利润		
财务收入/支出		
其他收入/支出		
税前利润		
所得税		
净利润		

资产负债表

资　　产	期初数	期末数	负债和所有者权益	期初数	期末数
流动资产：			负债：		
现金			长期负债		
应收款			短期负债		
在制品			应付账款		
成品			应交税金		
原料			一年内到期的长期负债		
流动资产合计			负债合计		
固定资产：			所有者权益：		
土地和建筑			股东资本		
机器与设备			利润留存		
在建工程			年度净利		
固定资产合计			所有者权益合计		
资产总计			负债和所有者权益总计		

第　　年

企业经营流程
请按顺序执行下列各项操作。

操作				
新年度规划会议		■	■	■
参加订货会/登记销售订单		■	■	■
制订新年度计划		■	■	■
支付应付税		■	■	■
季初现金盘点（请填余额）				
更新短期贷款/还本付息/申请短期贷款（高利贷）				
更新应付款/归还应付款				
原材料入库/更新原料订单				
下原料订单				
更新生产/完工入库				
投资新生产线/变卖生产线/生产线转产				
向其他企业购买原材料/出售原材料				
开始下一批生产				
更新应收款/应收款收现				
出售厂房				
向其他企业购买成品/出售成品				
按订单交货				
产品研发投资				
支付行政管理费				
其他现金收支情况登记				
支付利息/更新长期贷款/申请长期贷款	■	■	■	
支付设备维护费	■	■	■	
支付租金/购买厂房				
计提折旧	■	■		（　）
新市场开拓/ISO 资格认证投资	■	■	■	
现金收入合计				
现金支出合计				
期末现金对账（请填余额）				

现金预算表

	1	2	3	4
期初库存现金				
支付上年应交税				
市场广告投入				
贴现费用				
利息(短期贷款)				
支付到期短期贷款				
原料采购支付现金				
转产费用				
生产线投资				
工人工资				
产品研发投资				
收到现金前的所有支出				
应收款到期				
支付管理费用				
利息(长期贷款)				
支付到期长期贷款				
设备维护费用				
租金				
购买新建筑				
市场开拓投资				
ISO认证投资				
其他				
库存现金余额				

要点记录

第一季度：_____

第二季度：_____

第三季度：_____

第四季度：_____

年底小结：_____

订单登记表

订单号								合计
市场								
产品								
数量								
账期								
销售额								
成本								
毛利								
未售								

产品核算统计表

	P1	P2	P3	P4	合计
数量					
销售额					
成本					
毛利					

综合管理费用明细表　　　　　　　　　　　　　　　　单位：百万

项目	金额	备注
管理费		
广告费		
保养费		
租　金		
转产费		
市场准入开拓		□区域　□国内　□亚洲　□国际
ISO 资格认证		□ISO 9000　□ISO 14000
产品研发		P2(　)　P3(　)　P4(　)
其他		
合　计		

利 润 表

项　　目	上 年 数	本 年 数
销售收入		
直接成本		
毛利		
综合费用		
折旧前利润		
折旧		
支付利息前利润		
财务收入/支出		
税前利润		
所得税		
净利润		

资产负债表

资产	期初数	期末数	负债和所有者权益	期初数	期末数
流动资产：			负债：		
现金			长期负债		
应收款			短期负债		
在制品			应付账款		
成品			应交税金		
原料			一年内到期的长期负债		
流动资产合计			负债合计		
固定资产：			所有者权益：		
土地和建筑			股东资本		
机器与设备			利润留存		
在建工程			年度净利		
固定资产合计			所有者权益合计		
资产总计			负债和所有者权益总计		

第　　年

企业经营流程				
请按顺序执行下列各项操作。				
新年度规划会议	■	■	■	■
参加订货会/登记销售订单	■	■	■	■
制订新年度计划	■	■	■	■
支付应付税	■	■	■	■
季初现金盘点（请填余额）				
更新短期贷款/还本付息/申请短期贷款（高利贷）				
更新应付款/归还应付款				
原材料入库/更新原料订单				
下原料订单				
更新生产/完工入库				
投资新生产线/变卖生产线/生产线转产				
向其他企业购买原材料/出售原材料				
开始下一批生产				
更新应收款/应收款收现				
出售厂房				
向其他企业购买成品/出售成品				
按订单交货				
产品研发投资				
支付行政管理费				
其他现金收支情况登记				
支付利息/更新长期贷款/申请长期贷款	■	■	■	
支付设备维护费	■	■	■	
支付租金/购买厂房	■	■	■	
计提折旧	■	■	■	(　)
新市场开拓/ISO 资格认证投资	■	■	■	
现金收入合计				
现金支出合计				
期末现金对账（请填余额）				

现金预算表

	1	2	3	4
期初库存现金				
支付上年应交税				
市场广告投入				
贴现费用				
利息(短期贷款)				
支付到期短期贷款				
原料采购支付现金				
转产费用				
生产线投资				
工人工资				
产品研发投资				
收到现金前的所有支出				
应收款到期				
支付管理费用				
利息(长期贷款)				
支付到期长期贷款				
设备维护费用				
租金				
购买新建筑				
市场开拓投资				
ISO认证投资				
其他				
库存现金余额				

要点记录

第一季度：_____

第二季度：_____

第三季度：_____

第四季度：_____

年底小结：_____

订单登记表

订单号								合计
市场								
产品								
数量								
账期								
销售额								
成本								
毛利								
未售								

产品核算统计表

	P1	P2	P3	P4	合计
数量					
销售额					
成本					
毛利					

综合管理费用明细表

单位:百万

项目	金额	备注
管理费		
广告费		
保养费		
租 金		
转产费		
市场准入开拓		□区域 □国内 □亚洲 □国际
ISO 资格认证		□ISO 9000 □ISO 14000
产品研发		P2( ) P3( ) P4( )
其 他		
合 计		

利 润 表

项　　目	上 年 数	本 年 数
销售收入		
直接成本		
毛利		
综合费用		
折旧前利润		
折旧		
支付利息前利润		
财务收入／支出		
其他收入／支出		
税前利润		
所得税		
净利润		

资产负债表

资产	期初数	期末数	负债和所有者权益	期初数	期末数
流动资产：			负债：		
现金			长期负债		
应收款			短期负债		
在制品			应付账款		
成品			应交税金		
原料			一年内到期的长期负债		
流动资产合计			负债合计		
固定资产：			所有者权益：		
土地和建筑			股东资本		
机器与设备			利润留存		
在建工程			年度净利		
固定资产合计			所有者权益合计		
资产总计			负债和所有者权益总计		

第　　年

企业经营流程 请按顺序执行下列各项操作。				
新年度规划会议				
参加订货会/登记销售订单				
制订新年度计划				
支付应付税				
季初现金盘点（请填余额）				
更新短期贷款/还本付息/申请短期贷款（高利贷）				
更新应付款/归还应付款				
原材料入库/更新原料订单				
下原料订单				
更新生产/完工入库				
投资新生产线/变卖生产线/生产线转产				
向其他企业购买原材料/出售原材料				
开始下一批生产				
更新应收款/应收款收现				
出售厂房				
向其他企业购买成品/出售成品				
按订单交货				
产品研发投资				
支付行政管理费				
其他现金收支情况登记				
支付利息/更新长期贷款/申请长期贷款				
支付设备维护费				
支付租金/购买厂房				
计提折旧				（　）
新市场开拓/ISO 资格认证投资				
现金收入合计				
现金支出合计				
期末现金对账（请填余额）				

现金预算表

	1	2	3	4
期初库存现金				
支付上年应交税				
市场广告投入				
贴现费用				
利息（短期贷款）				
支付到期短期贷款				
原料采购支付现金				
转产费用				
生产线投资				
工人工资				
产品研发投资				
收到现金前的所有支出				
应收款到期				
支付管理费用				
利息（长期贷款）				
支付到期长期贷款				
设备维护费用				
租金				
购买新建筑				
市场开拓投资				
ISO 认证投资				
其他				
库存现金余额				

要点记录

第一季度：_____

第二季度：_____

第三季度：_____

第四季度：_____

年底小结：_____

订单登记表

订单号								合计
市场								
产品								
数量								
账期								
销售额								
成本								
毛利								
未售								

产品核算统计表

	P1	P2	P3	P4	合计
数量					
销售额					
成本					
毛利					

综合管理费用明细表

单位:百万

项目	金额	备注
管理费		
广告费		
保养费		
租金		
转产费		
市场准入开拓		□区域　□国内　□亚洲　□国际
ISO 资格认证		□ISO 9000　□ISO 14000
产品研发		P2( )　P3( )　P4( )
其他		
合计		

利 润 表

项　　目	上 年 数	本 年 数
销售收入		
直接成本		
毛利		
综合费用		
折旧前利润		
折旧		
支付利息前利润		
财务收入／支出		
其他收入／支出		
税前利润		
所得税		
净利润		

资产负债表

资产	期初数	期末数	负债和所有者权益	期初数	期末数
流动资产：			负债：		
现金			长期负债		
应收款			短期负债		
在制品			应付账款		
成品			应交税金		
原料			一年内到期的长期负债		
流动资产合计			负债合计		
固定资产：			所有者权益：		
土地和建筑			股东资本		
机器与设备			利润留存		
在建工程			年度净利		
固定资产合计			所有者权益合计		
资产总计			负债和所有者权益总计		

第 年					
企业经营流程 请按顺序执行下列各项操作。					
新年度规划会议		■	■	■	■
参加订货会/登记销售订单		■	■	■	■
制订新年度计划		■	■	■	■
支付应付税		■	■	■	■
季初现金盘点(请填余额)					
更新短期贷款/还本付息/申请短期贷款(高利贷)					
更新应付款/归还应付款					
原材料入库/更新原料订单					
下原料订单					
更新生产/完工入库					
投资新生产线/变卖生产线/生产线转产					
向其他企业购买原材料/出售原材料					
开始下一批生产					
更新应收款/应收款收现					
出售厂房					
向其他企业购买成品/出售成品					
按订单交货					
产品研发投资					
支付行政管理费					
其他现金收支情况登记					
支付利息/更新长期贷款/申请长期贷款		■	■	■	
支付设备维护费		■	■	■	
支付租金/购买厂房		■	■	■	
计提折旧					( )
新市场开拓/ISO资格认证投资		■	■	■	
现金收入合计					
现金支出合计					
期末现金对账(请填余额)					

现金预算表

	1	2	3	4
期初库存现金				
支付上年应交税				
市场广告投入				
贴现费用				
利息(短期贷款)				
支付到期短期贷款				
原料采购支付现金				
转产费用				
生产线投资				
工人工资				
产品研发投资				
收到现金前的所有支出				
应收款到期				
支付管理费用				
利息(长期贷款)				
支付到期长期贷款				
设备维护费用				
租金				
购买新建筑				
市场开拓投资				
ISO 认证投资				
其他				
库存现金余额				

要点记录

第一季度：_____

第二季度：_____

第三季度：_____

第四季度：_____

年底小结：_____

订单登记表

订单号								合计
市场								
产品								
数量								
账期								
销售额								
成本								
毛利								
未售								

产品核算统计表

	P1	P2	P3	P4	合计
数量					
销售额					
成本					
毛利					

综合管理费用明细表　　　　　　　　　　　　　　　　单位:百万

项目	金额	备注
管理费		
广告费		
保养费		
租　金		
转产费		
市场准入开拓		□区域　□国内　□亚洲　□国际
ISO 资格认证		□ISO 9000　□ISO 14000
产品研发		P2(　)　P3(　)　P4(　)
其　他		
合　计		

利 润 表

项　　目	上 年 数	本 年 数
销售收入		
直接成本		
毛利		
综合费用		
折旧前利润		
折旧		
支付利息前利润		
财务收入/支出		
其他收入/支出		
税前利润		
所得税		
净利润		

资产负债表

资产	期初数	期末数	负债和所有者权益	期初数	期末数
流动资产：			负债：		
现金			长期负债		
应收款			短期负债		
在制品			应付账款		
成品			应交税金		
原料			一年内到期的长期负债		
流动资产合计			负债合计		
固定资产：			所有者权益：		
土地和建筑			股东资本		
机器与设备			利润留存		
在建工程			年度净利		
固定资产合计			所有者权益合计		
资产总计			负债和所有者权益总计		

第　　年

企业经营流程

请按顺序执行下列各项操作。

项目					
新年度规划会议		■	■	■	■
参加订货会/登记销售订单		■	■	■	■
制订新年度计划		■	■	■	■
支付应付税		■	■	■	■
季初现金盘点（请填余额）					
更新短期贷款/还本付息/申请短期贷款（高利贷）					
更新应付款/归还应付款					
原材料入库/更新原料订单					
下原料订单					
更新生产/完工入库					
投资新生产线/变卖生产线/生产线转产					
向其他企业购买原材料/出售原材料					
开始下一批生产					
更新应收款/应收款收现					
出售厂房					
向其他企业购买成品/出售成品					
按订单交货					
产品研发投资					
支付行政管理费					
其他现金收支情况登记					
支付利息/更新长期贷款/申请长期贷款		■	■	■	■
支付设备维护费					
支付租金/购买厂房					
计提折旧		■	■	■	（　）
新市场开拓/ISO资格认证投资		■	■	■	■
现金收入合计					
现金支出合计					
期末现金对账（请填余额）					

现金预算表

	1	2	3	4
期初库存现金				
支付上年应交税				
市场广告投入				
贴现费用				
利息（短期贷款）				
支付到期短期贷款				
原料采购支付现金				
转产费用				
生产线投资				
工人工资				
产品研发投资				
收到现金前的所有支出				
应收款到期				
支付管理费用				
利息（长期贷款）				
支付到期长期贷款				
设备维护费用				
租金				
购买新建筑				
市场开拓投资				
ISO 认证投资				
其他				
库存现金余额				

要点记录

第一季度：_____

第二季度：_____

第三季度：_____

第四季度：_____

年底小结：_____

订单登记表

订单号								合计
市场								
产品								
数量								
账期								
销售额								
成本								
毛利								
未售								

产品核算统计表

	P1	P2	P3	P4	合计
数量					
销售额					
成本					
毛利					

综合管理费用明细表

单位:百万

项目	金额	备注
管理费		
广告费		
保养费		
租金		
转产费		
市场准入开拓		□区域　□国内　□亚洲　□国际
ISO 资格认证		□ISO 9000　□ISO 14000
产品研发		P2(　)　P3(　)　P4(　)
其他		
合计		

利润表

项　　目	上 年 数	本 年 数
销售收入		
直接成本		
毛利		
综合费用		
折旧前利润		
折旧		
支付利息前利润		
财务收入/支出		
其他收入/支出		
税前利润		
所得税		
净利润		

资产负债表

资产	期初数	期末数	负债和所有者权益	期初数	期末数
流动资产：			负债：		
现金			长期负债		
应收款			短期负债		
在制品			应付账款		
成品			应交税金		
原料			一年内到期的长期负债		
流动资产合计			负债合计		
固定资产：			所有者权益：		
土地和建筑			股东资本		
机器与设备			利润留存		
在建工程			年度净利		
固定资产合计			所有者权益合计		
资产总计			负债和所有者权益总计		

项目 5 创业者系统经营

5.1 "创业者"电子沙盘介绍

"创业者"电子沙盘是浙江大学城市学院和用友软件股份有限公司联合开发的最新企业经营模拟软件,首创基于流程的互助经营模式。系统与实物沙盘完美结合,继承了 ERP 实物沙盘形象直观的特点,同时实现了选单、经营过程、报表生成、赛后分析的全自动,将教师彻底从选单、报表录入、监控等具体操作中解放出来,而教学研究的重点放于企业经营的本质分析。

该系统全真模拟企业市场竞争及经营过程,受训者身临其境,真实感受市场氛围。既可以让受训者全面掌握经管知识,又可树立团队精神、责任意识。对传统课堂教学及案例教学既是有益补充,又是创新革命。该系统有以下一些特点:

● 采用 B/S 架构,基于 Web 的操作平台,安装简捷,可实现本地或异地的训练;
● 可以对动作过程的主要环节进行控制,学生不能擅自改变操作顺序,也不能随意反悔操作,避免作弊;
● 自动核对现金流,并依据现金流对企业运行进行控制,避免了随意挪用现金的操作,从而真实反映现金对企业运行的关键作用;
● 实现交易活动(包括银行贷款、销售订货、原料采购、交货、应收账款回收、市场调查等)的本地操作,以及操作合法性验证的自动化;
● 可以与实物沙盘结合使用,也可单独使用(高级训练或比赛时采用);
● 有多组训练的选择,普通版可以在 6~18 组中任选;
● 可以有限地改变运行环境参数,调节运行难度;
● 增加了系统间谍功能;
● 系统中集成了即时信息(Instant Message)功能;
● 强大的用户决策——可无遗漏地暴露决策失误,进行赛后复盘分析。

5.2 创业者电子沙盘运营规则与经营过程

5.2.1 创业者电子沙盘模拟运营规则

1. 生产线

表5.1 生产线购买、转产、维修、出售

生产线	购置费	安装周期	生产周期	总转产费	转产周期	维修费	残值	折旧时间	折旧
手工线	5M	无	3Q	0M	无	0M/年	1M	4年	1W
半自动	10M	1Q	2Q	1M	1Q	1M/年	2M	4年	2W
自动线	15M	3Q	1Q	2M	1Q	2M/年	3M	4年	3W
柔性线	20M	4Q	1Q	0M	无	2M/年	4M	4年	4W

● 不论何时出售生产线，价格为残值，净值与残值之差计入损失；
● 只有空的并且已经建成的生产线方可转产；
● 当年建成生产线需要交维护费。

2. 折旧（平均年限法）

表5.2 生产线折旧

生产线	购置费	残值	建成第1年	建成第2年	建成第3年	建成第4年	建成第5年
手工线	5M	1M	0	1M	1M	1M	1M
半自动	10M	2M	0	2M	2M	2M	2M
自动线	15M	3M	0	3M	3M	3M	3M
柔性线	20M	4M	0	4M	4M	4M	4M

● 当年建成生产线不计提折旧，当净值等于残值时生产线不再计提折旧。

3. 融资

表5.3 融资贷款

贷款类型	贷款时间	贷款额度	年息	还款方式
长期贷款	每年年初	所有长短贷和不超过上年权益3倍	10%	年初付息，到期还本 每次贷款为10的倍数
短期贷款	每季度初		5%	到期一次还本付息 每次贷款为20的倍数
资金贴现	任何时间	视应收款额	1/8(3季,4季) 1/10(1季,2季)	变现时贴息，可对1、2季应收联合贴现(3、4季同理)

4. 厂房

表 5.4　厂房购买、出售与租赁

厂房	买价	租金	售价	容量	
大	30M	4M/年	30M	4 条	厂房出售得到4个账期的应收款,紧急情况下可厂房贴现(四季贴现),直接得到现金,如厂房中有生产线,同时要扣租金
小	20M	3M/年	20M	3 条	

● 厂房租入后,一年后可作为租转买、退租等处理,续租系统在当季(年)结束时自动处理;

● 厂房不计提折旧。

5. 市场准入

表 5.5　市场开发

市场	开发费	时间	
本地	1M/年	1 年	开发费用按开发时间自年末平均支付,不允许加速投资,市场开发完成后,领取相应的市场准入
区域	1M/年	1 年	
国内	1M/年	2 年	开发完成后中途停止使用,也可继续拥有资格并在以后年份使用
亚洲	1M/年	3 年	
国际	1M/年	4 年	

6. 资格认证

表 5.6　国际认证

认证	ISO 9000	ISO 14000	
时间	2 年	2 年	开发费用按开发时间在年末平均支付;不允许加速投资;开发完成后,领取相应 ISO 资格证书
费用	1M/年	2M/年	完成开发后中途停止使用,也可继续拥有资格并在以后年份使用

7. 产品

表 5.7　产品研发

名称	开发费用	开发周期	加工费	直接成本	产品组成
P1	1M/季	2 季	1M/个	2M/个	R1
P2	1M/季	3 季	1M/个	3M/个	R2 + R3
P3	1M/季	4 季	1M/个	4M/个	R1 + R3 + R4
P4	2M/季	5 季	1M/个	5M/个	R2 + R3 + 2R4

8. 原料配制

表 5.8　原料购置

名称	购买价格	提前期
R1	1M/个	1 季
R2	1M/个	1 季

续表5.8

名称	购买价格	提前期
R3	1M/个	2季
R4	1M/个	2季

9. 紧急采购

付款立即到货，原材料价格为直接成本的2倍，成品价格为直接成本的3倍；订货时不用付款，货到必须付款。

10. 选单规则

某市场上年所有产品销售总和第一且该市场无违约，有优先选单权；其次以本市场本产品广告额投放大小顺序依次选单；如果两队本市场本产品广告额相同，则看本市场广告投放总额；如果本市场广告总额也相同，则看上年市场销售排名，若仍无法决定，先投广告者先选单（电子沙盘中），或抓阄决定，或出价低者得。

11. 破产标准

● 现金断流；
● 权益为负。

12. 市场预测

电子沙盘市级选单从第2年起市场预测表中第1年需求量及价格数据仅仅起占位作用，实际有效预测数据从第2年开始。

13. 取整规则

● 违约金扣除——四舍五入；
● 长短贷利息——四舍五入；
● 库存拍卖所得现金——向下取整；
● 贴现费用——向上取整；
● 扣税——四舍五入。

14. 损失

● 库存折价拍卖；
● 生产线变卖；
● 紧急采购。

订单违约、增减资（增资计损失为负）。

ERP实物沙盘经营侧重于对企业的综合认知，但这一训练存在不可回避的三个问题：其一，企业经营监控不力，在企业运营的各个环节，如营销环节、运营环节、财务环节等存在有意或无意的疏漏和舞弊，控制成本巨大；其二，受时空限制，参与课程人数有限；其三，教师工作量大，不能做到精细数据管理、管理工具和方法的综合应用。

有了第一次企业经营经历的学生，绝大多数希望再有机会展现自我，他们会希望将已经感受到的经验在未来的经营中加以应用，已经认识到的问题在新一轮的实践中加以克服。"创业者"电子沙盘就给了同学一次新的机会。电子沙盘彻底实现了时间不可倒流的控制,即所有的运作环节一经执行,便不能悔改,更为真实地体现了现金社会的动作环境。这样就迫使学生们像真正经营企业一样负责任地做好每一项决定,认真执行好每一个工作。

电子沙盘经营可以作为集中课程进行,也可以由学生社团组织沙盘比赛的形式开展。特别是在层层比赛区的形式中,可以让学生们有更多的时间和更好的氛围,多次反复地进行体验训练。由于有这样反复"做"的过程,可以让学生对企业经营从"会"的阶段,逐步进入"熟"的阶段。

"创业者"电子沙盘以创业模式经营,初始只有现金(股东资本),主界面如图5.1所示。一般以60M为宜,若初次经营可放宽至65M,熟悉后或比赛可设为55M。

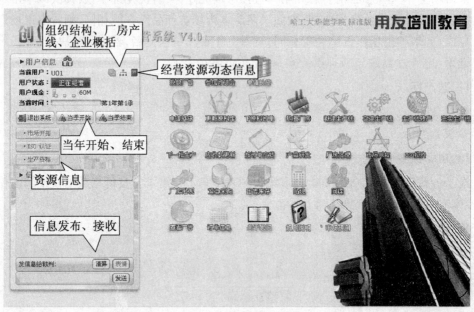

图5.1 电子沙盘学生端界面

电子沙盘经营规则和实物沙盘基本上一样,但是也有区别。

● 电子沙盘流程控制更严格,不允许任意改变经营流程表顺序,特别是对经营难度有影响的顺序,如必须先还旧债再借新债;

● 某些工作在实物沙盘上需要手工完成,电子沙盘中由系统自动完成,如产品下线、更新贷款、扣管理费;

● 某些信息在电子沙盘中被隐蔽,需要经营者更好地记录,如应收、贷款信息;

● 系统对各任务操作次数有严格规定,某些可以多次操作,某些只能一季度操作一次。

5.2.2 创业者电子沙盘操作规则

下面将详细介绍电子沙盘操作规则。

首次登录(登录初始密码为1)系统需要修改登录密码,填写公司名称、公司宣言及各角色姓名。

1. 年初操作

(1) 投放广告。

双击系统中投放广告按钮,显示如图5.2所示。

图5.2 广告投放

● 没有获得任何市场准入证时不能投放广告(系统认为其投放金额只能为0);
● 不需要对ISO单独做广告;
● 在投放广告窗口中,市场名称为红色表示尚未开发完成,不可投广告;
● 完成所有市场产品投放后,选择"确认投放"退出,退出后不能返回更改;
● 所有队伍投放完成后,可以通过广告查询,查看其他公司广告投放情况;
● 广告投放确认后,长贷本息及税金同时被自动扣除。

(2) 参加订货会

选择订单界面,如图5.3所示。

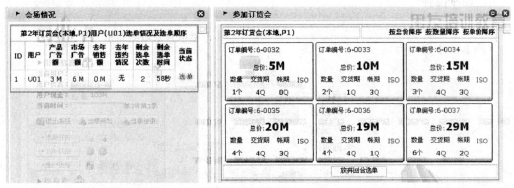

图5.3 选择订单

● 选单权限系统自动传递;
● 有权限队伍必须在系统限定时间以内选单,否则系统视为放弃本回合;
● 在倒计时大于10秒选单,出现确认框要3秒内确定,否则可以造成选单无效;
● 不可选订单显示为红色;
● 系统自动判定是否有ISO资格;

● 可放弃本回合选单,但不影响后面回合选单;
● 可借助右上角三个排序按钮辅助选单;
● 若有几队并列销售第一,则由系统随机决定"市场老大",也可能无"市场老大";
● 如 2.3 节选单规则所述,如果市场销售额也相同,则系统赋予先投广告者优先选单权。
(3) 申请长期贷款。
申请长贷界面,如图 5.4 所示。

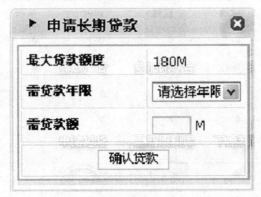

图 5.4　申请长贷

● 选单结束后直接操作,一年只能操作一次,但可以申请不同还款年限的若干笔;
● 此操作必须在"当季开始"之前;
● 不可超出最大贷款额度,即长短贷总额(已贷 + 欲贷)不可超过上年权益规定的倍数(默认为 3 倍);
● 可选择贷款年限,确认后不可更改;
● 贷款额为 10 的倍数。

2. 四季操作

(1) 四季任务启动与结束
四季任务启动与结束按钮分别为"当季开始"和"当季结束",如图 5.5 所示。

图 5.5　四季任务启动与结束

- 每季经营开始及结束需要确认——当季开始、当季(年)结束(第4季显示为当季结束);
- 注意操作权限,亮色按钮为可操作权限;
- 如破产则无法继续经营,自动退出系统,可联系裁判;
- 现金不够应紧急融资(出售库存、贴现、厂房贴现);
- 更新原料库和更新应收款为每季必走流程,且这两步操作后,前面的操作权限将关闭,后面的操作权限打开;
- 只要对经营难度无影响,操作顺序并无严格要求,建议按流程进行。

(2) 当季开始。

"当季开始"确认界面,如图5.6所示。

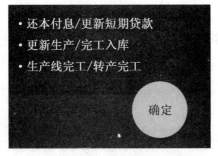

图5.6 当季开始

- 选单结束或长贷后"当季开始";
- 开始新一季经营必须"当季开始";
- 系统自动扣除短贷本息;
- 系统自动完成更新生产、产品完工入库、生产线完工及转产操作。

(3) 当季结束。

"当季结束"确定界面,如图5.7所示。

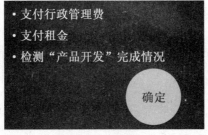

图5.7 当季结束

- 一季经营完成需要"当季结束"确认;
- 系统自动扣管理费(1M/季)及续租租金并且检测产品开发完成情况。

(4) 申请短贷。

申请短期贷款界面,如图5.8所示。

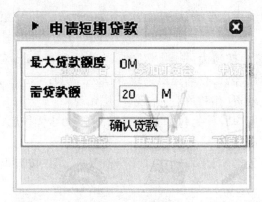

图 5.8　申请短贷

● 一季只能操作一次,申请额为 20 的倍数;

● 不可超出最大贷款额度,即长短贷总额(已贷 + 欲贷)不可超过上年权益规定的倍数(默认为 3 倍)。

(5)更新原料库。

确认更新原料库界面,如图 5.9 所示。

图 5.9　更新原料库

● 系统自动提示需要支付的现金(不可更改);

● 执行"确认更新"即可,即使支付现金为零也必须执行;

● 系统自动扣减现金;

● "确认更新"后,后面的操作权限方可开启("下原料订单"到"更新应收款"),前面的操作权限关闭;

● 一季只能操作一次。

(6)下原料订单。

下原料订单界面,如图 5.10 所示。

图 5.10　下原料订单

● 输入所有需要的原料数量,然后按"确认订购";
● 确认订购后不可退订;
● 可以不下订单;
● 一季只能操作一次。

(7) 购置厂房。

买/租新厂房界面,如图 5.11 所示。

图 5.11　购置厂房

● 厂房可买可租;
● 最多只可使用一大一小两个厂房;
● 生产线不可在不同厂房间移动。

(8) 新建生产线。

新建生产线投资界面,如图 5.12 所示。

图 5.12　新建生产线

- 需选择厂房、生产线类型、生产产品类型;
- 可在查询窗口查询;
- 一季可操作多次,直至生产线位铺满。

(9) 在建生产线。

在建生产线投资界面如图 5.13 所示。

图 5.13　在建生产线

- 系统自动列出投资未完成的生产线;
- 复选需要继续投资的生产线;
- 可以不选,表示本季中断投资;
- 一季只可操作一次。

(10) 生产线转产。

生产线转产界面,如图 5.14 所示。

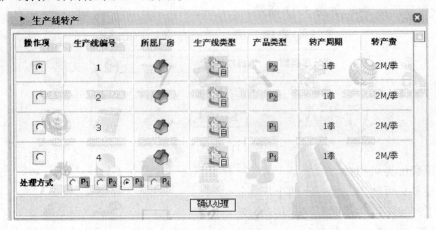

图 5.14　生产线转产

- 系统自动列出符合转产要求的生产线(建成且没有在产品的生产线);
- 单选一条生产线,并选择要转产生产的产品;
- 手工线和柔性线若要转产,也必须操作,但不需要停产及转产费;
- 可多次操作。

(11) 变卖生产线。

变卖生产线界面,如图 5.15 所示。

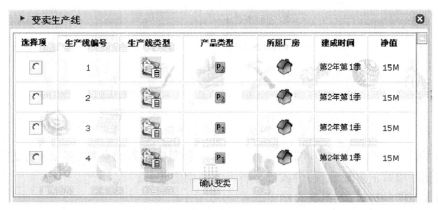

图 5.15　变卖生产线

●系统自动列出可变卖生产线(建成后没有在制品的空置生产线,转产中生产线也可卖);

●单选操作生产线后,按"确认变卖"按钮;

●可重复操作,也可放弃操作;

●变卖后,从净值中按残值收回现金,净值高于残值的部分记入当年费用的损失项目。

(12)开始下一批生产。

开始下一批生产界面,如图 5.16 所示。

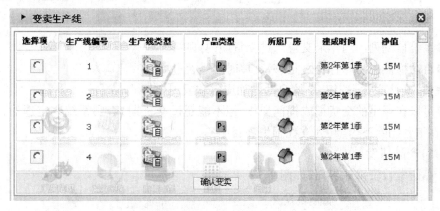

图 5.16　下一批生产

●系统自动列出可以进行生产的生产线;
●自动检测原料、生产资格、加工费;
●依次点击开始生产按钮,可以停产;
●系统自动扣除原料及加工费。

(13)应收款更新

应收款更新确认界面,如图 5.17 所示。

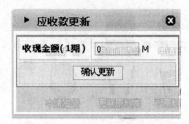

图 5.17 应收款更新

●不提示本期到期的应收款,需要自行填入到期应收款的金额,多填不允许操作,少填则按实际填写的金额收现,少收部分转入下一期应收款;

●未到期的应收款,系统自动更新;

●此步操作后,前面的各项操作权限关闭(不能返回以前的操作任务),并开启以后的操作任务,即按订单交货、产品开发、厂房处理权限。

(14)按订单交货。

确认交货界面,如图 5.18 所示。

订单编号	产品	数量	市场	总价	得单年份	交货期	帐期	操作
6-0049	P2	3	C区域	21M	第2年	4季	2季	确认交货
6-0045	P1	3	C区域	15M	第2年	4季	3季	确认交货
6-0044	P1	2	C区域	10M	第2年	4季	2季	确认交货

图 5.18 按订单交货

●系统自动列出当年未交且未过交货期的订单;

●自动检测成品库存是否足够,交单时间是否过期;

●按"确认交货"按钮,系统自动增加应收款或现金;

●可以在规定的交货期或提前交货,但不能超过交货期,否则系统判定违约,收回订单,并在年底扣除违约金(列支在损失项目中)。

(15)产品研发

产品研发投资确认界面,如图 5.19 所示。

图 5.19 产品研发

- 复选操作,需同时选定要开发的所有产品,一季只允许一次;
- 按"确认投资"按钮确认并退出本窗口;
- 当季结束系统检测产品开发是否完成。

(16)厂房处理

厂房处理方式及确认界面,如图 5.20 所示。

图 5.20　厂房处理

- 如果拥有厂房且无生产线,可卖出,增加 4Q 应收款,并删除厂房;
- 如果拥有厂房但有生产线,卖出后增加 4Q 应收款,自动转为租,并扣当年租金,记下租入时间;
- 租入厂房如果离上次付租金满一年(如上年第 2 季起租,到下年第 2 季视为满年);可以转为购买(租转买),并立即扣除现金;如果无生产线,可退租并删除厂房;
- 租入厂房离上次付租金满一年,如果不执行"租转买"操作,视为续租,并在当季结束时自动扣下一年租金。

(17)市场开拓

市场开拓投资界面,如图 5.21 所示。

图 5.21　市场开拓

复选所要开发的市场,然后按"确认投资"按钮;只有第 4 季可操作一次;

- 第 4 季结束系统自动检测市场开拓是否完成。

(18)ISO 认证投资

ISO 认证投资界面,如图 5.22 所示。

图 5.22　ISO 投资

- 复选所要投资的资格,然后按"确认投资"按钮;
- 只有第 4 季可操作一次;
- 第 4 季结束系统自动检测 ISO 资格是否完成。

3. 年末操作

年末要进行当年结束的操作,其确认界面,如图 5.23 所示。

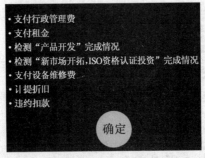

图 5.23　当年结束

- 第 4 季经营结束,则需要当年结束,确认一年经营完成;
- 系统自动完成所示任务,并在后台生成三个报表。

4. 特殊操作

以下为特殊运行任务,指不受正常流程运行顺序的限制,当需要时就可以操作的任务。此类操作分为两类:第一类为运行类操作,这类操作改变企业资源的状态,如固定资产变为流动资产等;第二类操作为查询类操作,这类操作不改变任何资源状态,只是查询资源情况。

(1) 厂房贴现。

厂房贴现界面,如图 5.24 所示。

图 5.24　厂房贴现

●任意时间可操作;

●将厂房卖出,获得现金;如果无生产线,厂房原值售出后,所有售价按四季应收款全部贴现;

●如果有生产线,除按售价贴现外,还要再扣除租金;

●系统自动全部贴现,不允许部分贴现。

(2)紧急采购。

紧急采购界面,如图 5.25 所示。

图 5.25　紧急采购

●可在任意时间操作;

●单选需要购买的原料或产品,填写购买数量后确认订购;

●原料及产品的价格列示在右侧栏中——默认原料是直接成本的 2 倍,成品是直接成本的 3 倍;

●立即扣款到货;

●购买的原料和产品均按照直接成本计算,高于直接成本的部分记入损失项。

(3)出售库存。

出售库存界面,如图 5.26 所示。

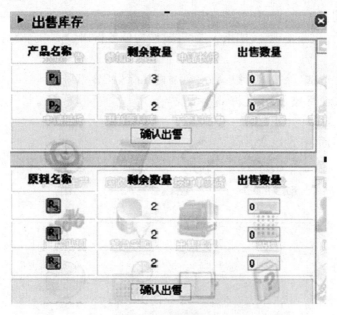

图 5.26　出售库存

●可在任意时间操作；

●填入售出原料或产品的数量,然后确认出售；

●原料、成品按照系统设置的折扣率回收现金——默认原料按 80%（八折）,成品按直接成本；

●售出后的折价部分记入费用的损失项；

●所得现金向下取整。

(4)贴现

贴现界面,如图 5.27 所示。

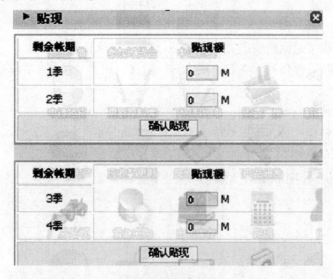

图 5.27　贴现

●1、2季与3、4季分开贴现；
●1、2(3、4季)季应收款加总贴现；
●可在任意时间操作；
●次数不限；
●填入贴现额应小于等于应收款；
●输入贴现额乘对应贴现率，求得贴现费用(向上取整)，贴现费用记入财务支出，其他部分增加现金。

(5)间谍(商业情报收集)

间谍界面，如图5.28所示。

图5.28　间谍

●任意时间可操作；可查看任意一家企业信息，查看总时间为10分钟(可变参数)，第2次查看必须在50分钟后(可变参数)；
●需要缴纳一定费用，也可免费(由裁判设定)；
●可以查看厂房、生产线、市场开拓、ISO开拓、产品开发情况。

(6)订单信息。

订单信息界面，如图5.29所示。

▶ 订单信息

订单编号	市场	产品	数量	总价	状态	得单年份	交货期	帐期	交货时间
6-0049	区域	P_2	3	21M	未交	第2年	4季	2季	
6-0045	区域	P_1	3	15M	未交	第2年	4季	3季	
6-0044	区域	P_1	2	10M	未交	第2年	4季	2季	
6-0038	本地	P_2	2	15M	未交	第2年	4季	2季	
6-0032	本地	P_1	1	5M	未交	第2年	4季	0季	

页次:1/1页 共5条 10条/页 【首页】【上页】【下页】【末页】转到第1页 GO!

图 5.29 订单信息

●任意时间可操作;

●可查看所有订单信息及状态。

(7)查看广告信息。

广告信息只在特定时间可以查看,如图 5.30 所示。

▶ 广告信息

U01

产品/市场	本地	区域	国内	亚洲	国际
P_1	1	1	1	0	0
P_2	1	1	1	0	0
P_3	0	0	0	0	0
P_4	0	0	0	0	0

图 5.30 查看广告

●当所有参赛队伍都完成广告投放时可以查看;

●选单完成后即不可查看。

5. 特别说明

以上是电子沙盘的基本操作,还有几个问题需要说明。

(1)破产检测。

●广告投放完毕、当季开始、当季(年)结束、更新原料库等处,系统自动检测已有库存现金加上最大贴现及出售所有库存及厂房贴现,是否足够本次支出,如果不够则破产退出系统,如需继续经营应联系管理员处理;

●当年结束,若权益为负,则破产退出系统,如需继续经营应联系管理员处理。

(2)小数取整处理规则。

●违约金扣除——向下取整;

●库存拍卖所得现金——向下取整;

●贴现费用——向上取整;

●扣税——向下取整。

(3)操作小贴士。

●需要付现操作系统均会自动检测,如不够,则无法进行下去;

●请注意更新原料库及更新应收款两个操作,是其他操作之开关;

●多个操作权限均同时打开,则对操作顺序并无严格要求,但建议按顺序操作;

●可通过 IM(Instant Messaging)与管理员联系;

●操作中发生显示不当,立即执行刷新命令(F5)或退出重登。

5.2.3 创业者电子沙盘模拟经营过程

		用户		第___年经营								
年初	新年度规划会议											
	参加订货会/登记销售订单											
	支付应付税											
	支付长贷利息											
	更新长期贷款/长期贷款还款											
	申请长期贷款											
	原材料/在制品/产品库存台账	一季度			二季度			三季度			四季度		
1	季初盘点(请填数量)											
2	更新短期贷款/短期贷款还本付息											
3	申请短期贷款											
4	原材料入库/更新原料订单											
5	下原料订单											
6	购买/租用厂房											
7	更新生产/完工入库											
8	新建/在建/转产/变卖生产线											
9	紧急采购原料(随时进行)											
10	开始下一批生产											
11	更新应收款/应收款收现											
12	按订单交货											
13	产品研发投资											
14	厂房出售(买转租)/退租/租转买											
15	新市场开拓/ISO资格投资											
16	支付管理费/更新厂房租金											
17	出售库存											
18	厂房贴现											
19	应收款贴现											
20	季末数额对账											
年末	缴纳违约订单罚款											
	支付设备维护费											
	计提折旧											
	新市场/ISO资格换证											
	结账											

现金预算表

	1	2	3	4
期初库存现金				
支付上年应交税				
市场广告投入				
贴现费用				
利息（短期贷款）				
支付到期短期贷款				
原料采购支付现金				
转产费用				
生产线投资				
工人工资				
产品研发投资				
收到现金前的所有支出				
应收款到期				
支付管理费用				
利息（长期贷款）				
支付到期长期贷款				
设备维护费用				
租金				
购买新建筑				
市场开拓投资				
ISO 认证投资				
其他				
库存现金余额				

要点记录

第一季度：_____

第二季度：_____

第三季度：_____

第四季度：_____

年底小结：_____

订单登记表

订单号							合计
市场							
产品							
数量							
账期							
销售额							
成本							
毛利							
未售							

产品核算统计表

	P1	P2	P3	P4	合计
数量					
销售额					
成本					
毛利					

综合费用表

项目	金额/M
管理费	
广告费	
设备维护费	
损失	
转产费	
厂房租金	
新市场开拓	
ISO 资格认证	
产品研发	
信息费	
合计	

利润表

项目	金额/M
销售收入	
直接成本	
毛利	
综合费用	
折旧前利润	
折旧	
支付利息前利润	
财务费用	
税前利润	
所得税	
年度净利	

资产负债表

资　产	期初数	期末数	负债和所有者权益	期初数	期末数
流动资产：			负债：		
现金			长期负债		
应收款			短期负债		
在制品			应付账款		
成品			应交税金		
原料			一年内到期的长期负债		
流动资产合计			负债合计		
固定资产：			所有者权益：		
土地和建筑			股东资本		
机器与设备			利润留存		
在建工程			年度净利		
固定资产合计			所有者权益合计		
资产总计			负债和所有者权益总计		

注：库存折价拍价，生产线变卖，紧急采购，订单违约记入损失；

每年经营结束请将此表交到裁判处核对。

	用户		第___年经营						
年初	新年度规划会议								
	参加订货会/登记销售订单								
	支付应付税								
	支付长贷利息								
	更新长期贷款/长期贷款还款								
	申请长期贷款								
	原材料/在制品/产品库存台账	一季度		二季度		三季度		四季度	
1	季初盘点(请填数量)								
2	更新短期贷款/短期贷款还本付息								
3	申请短期贷款								
4	原材料入库/更新原料订单								
5	下原料订单								
6	购买/租用厂房								
7	更新生产/完工入库								
8	新建/在建/转产/变卖生产线								
9	紧急采购原料(随时进行)								
10	开始下一批生产								
11	更新应收款/应收款收现								
12	按订单交货								
13	产品研发投资								
14	厂房出售(买转租)/退租/租转买								
15	新市场开拓/ISO资格投资								
16	支付管理费/更新厂房租金								
17	出售库存								
18	厂房贴现								
19	应收款贴现								
20	季末数额对账								
年末	缴纳违约订单罚款								
	支付设备维护费								
	计提折旧								
	新市场/ISO资格换证								
	结账								

现金预算表

	1	2	3	4
期初库存现金				
支付上年应交税				
市场广告投入				
贴现费用				
利息(短期贷款)				
支付到期短期贷款				
原料采购支付现金				
转产费用				
生产线投资				
工人工资				
产品研发投资				
收到现金前的所有支出				
应收款到期				
支付管理费用				
利息(长期贷款)				
支付到期长期贷款				
设备维护费用				
租金				
购买新建筑				
市场开拓投资				
ISO认证投资				
其他				
库存现金余额				

要点记录

第一季度：_____

第二季度：_____

第三季度：_____

第四季度：_____

年底小结：_____

订单登记表

订单号								合计
市场								
产品								
数量								
账期								
销售额								
成本								
毛利								
未售								

产品核算统计表

	P1	P2	P3	P4	合计
数量					
销售额					
成本					
毛利					

综合费用表

项目	金额/M
管理费	
广告费	
设备维护费	
损失	
转产费	
厂房租金	
新市场开拓	
ISO 资格认证	
产品研发	
信息费	
合计	

利润表

项目	金额/M
销售收入	
直接成本	
毛利	
综合费用	
折旧前利润	
折旧	
支付利息前利润	
财务费用	
税前利润	
所得税	
年度净利	

资产负债表

资产	期初数	期末数	负债和所有者权益	期初数	期末数
流动资产:			负债:		
现金			长期负债		
应收款			短期负债		
在制品			应付账款		
成品			应交税金		
原料			一年内到期的长期负债		
流动资产合计			负债合计		
固定资产:			所有者权益:		
土地和建筑			股东资本		
机器与设备			利润留存		
在建工程			年度净利		
固定资产合计			所有者权益合计		
资产总计			负债和所有者权益总计		

注:库存折价拍价,生产线变卖,紧急采购,订单违约记入损失;

每年经营结束请将此表交到裁判处核对。

		用户		第___年经营			
年初	新年度规划会议						
	参加订货会/登记销售订单						
	制订新年度计划						
	支付应付税						
	支付长贷利息						
	更新长期贷款/长期贷款还款						
	申请长期贷款						
	原材料/在制品/产品库存台账	一季度		二季度	三季度		四季度
1	季初盘点（请填数量）						
2	更新短期贷款/短期贷款还本付息						
3	申请短期贷款						
4	原材料入库/更新原料订单						
5	下原料订单						
6	购买/租用厂房						
7	更新生产/完工入库						
8	新建/在建/转产/变卖生产线						
9	紧急采购原料（随时进行）						
10	开始下一批生产						
11	更新应收款/应收款收现						
12	按订单交货						
13	产品研发投资						
14	厂房出售(买转租)/退租/租转买						
15	新市场开拓/ISO 资格投资						
16	支付管理费/更新厂房租金						
17	出售库存						
18	厂房贴现						
19	应收款贴现						
20	季末数额对账						
年末	缴纳违约订单罚款						
	支付设备维护费						
	计提折旧						
	新市场/ISO 资格换证						
	结账						

现金预算表

	1	2	3	4
期初库存现金				
支付上年应交税				
市场广告投入				
贴现费用				
利息(短期贷款)				
支付到期短期贷款				
原料采购支付现金				
转产费用				
生产线投资				
工人工资				
产品研发投资				
收到现金前的所有支出				
应收款到期				
支付管理费用				
利息(长期贷款)				
支付到期长期贷款				
设备维护费用				
租金				
购买新建筑				
市场开拓投资				
ISO 认证投资				
其他				
库存现金余额				

要点记录

第一季度：_____

第二季度：_____

第三季度：_____

第四季度：_____

年底小结：_____

订单登记表

订单号										合计
市场										
产品										
数量										
账期										
销售额										
成本										
毛利										
未售										

产品核算统计表

	P1	P2	P3	P4	合计
数量					
销售额					
成本					
毛利					

综合费用表

项目	金额/M
管理费	
广告费	
设备维护费	
其他损失	
转产费	
厂房租金	
新市场开拓	
ISO 资格认证	
产品研发	
信息费	
合计	

利润表

项目	金额/M
销售收入	
直接成本	
毛利	
综合费用	
折旧前利润	
折旧	
支付利息前利润	
财务费用	
税前利润	
所得税	
年度净利	

资产负债表

资　产	期初数	期末数	负债和所有者权益	期初数	期末数
流动资产：			负债：		
现金			长期负债		
应收款			短期负债		
在制品			应付账款		
成品			应交税金		
原料			一年内到期的长期负债		
流动资产合计			负债合计		
固定资产：			所有者权益：		
土地和建筑			股东资本		
机器与设备			利润留存		
在建工程			年度净利		
固定资产合计			所有者权益合计		
资产总计			负债和所有者权益总计		

注：库存折价拍价，生产线变卖，紧急采购，订单违约记入损失

　每年经营结束请将此表交到裁判处核对。

	用户		第____年经营			
年初	新年度规划会议					
	参加订货会/登记销售订单					
	制订新年度计划					
	支付应付税					
	支付长贷利息					
	更新长期贷款/长期贷款还款					
	申请长期贷款					
	原材料/在制品/产品库存台账	一季度		二季度	三季度	四季度
1	季初盘点(请填数量)					
2	更新短期贷款/短期贷款还本付息					
3	申请短期贷款					
4	原材料入库/更新原料订单					
5	下原料订单					
6	购买/租用厂房					
7	更新生产/完工入库					
8	新建/在建/转产/变卖生产线					
9	紧急采购原料(随时进行)					
10	开始下一批生产					
11	更新应收款/应收款收现					
12	按订单交货					
13	产品研发投资					
14	厂房出售(买转租)/退租/租转买					
15	新市场开拓/ISO 资格投资					
16	支付管理费/更新厂房租金					
17	出售库存					
18	厂房贴现					
19	应收款贴现					
20	季末数额对账					
年末	缴纳违约订单罚款					
	支付设备维护费					
	计提折旧					
	新市场/ISO 资格换证					
	结账					

现金预算表

	1	2	3	4
期初库存现金				
支付上年应交税				
市场广告投入				
贴现费用				
利息(短期贷款)				
支付到期短期贷款				
原料采购支付现金				
转产费用				
生产线投资				
工人工资				
产品研发投资				
收到现金前的所有支出				
应收款到期				
支付管理费用				
利息(长期贷款)				
支付到期长期贷款				
设备维护费用				
租金				
购买新建筑				
市场开拓投资				
ISO认证投资				
其他				
库存现金余额				

要点记录

第一季度：＿＿＿＿＿＿＿＿＿＿＿＿＿＿＿＿＿＿＿＿＿＿＿＿＿＿＿＿＿＿＿＿

第二季度：＿＿＿＿＿＿＿＿＿＿＿＿＿＿＿＿＿＿＿＿＿＿＿＿＿＿＿＿＿＿＿＿

第三季度：＿＿＿＿＿＿＿＿＿＿＿＿＿＿＿＿＿＿＿＿＿＿＿＿＿＿＿＿＿＿＿＿

第四季度：＿＿＿＿＿＿＿＿＿＿＿＿＿＿＿＿＿＿＿＿＿＿＿＿＿＿＿＿＿＿＿＿

年底小结：＿＿＿＿＿＿＿＿＿＿＿＿＿＿＿＿＿＿＿＿＿＿＿＿＿＿＿＿＿＿＿＿

订单登记表

订单号									合计
市场									
产品									
数量									
账期									
销售额									
成本									
毛利									
未售									

产品核算统计表

	P1	P2	P3	P4	合计
数量					
销售额					
成本					
毛利					

综合费用表

项目	金额/M
管理费	
广告费	
设备维护费	
其他损失	
转产费	
厂房租金	
新市场开拓	
ISO 资格认证	
产品研发	
信息费	
合计	

利润表

项目	金额/M
销售收入	
直接成本	
毛利	
综合费用	
折旧前利润	
折旧	
支付利息前利润	
财务费用	
税前利润	
所得税	
年度净利	

资产负债表

资　产	期初数	期末数	负债和所有者权益	期初数	期末数
流动资产：			负债：		
现金			长期负债		
应收款			短期负债		
在制品			应付账款		
成品			应交税金		
原料			一年内到期的长期负债		
流动资产合计			负债合计		
固定资产：			所有者权益：		
土地和建筑			股东资本		
机器与设备			利润留存		
在建工程			年度净利		
固定资产合计			所有者权益合计		
资产总计			负债和所有者权益总计		

注：库存折价拍价，生产线变卖，紧急采购，订单违约记入损失

每年经营结束请将此表交到裁判处核对。

		用户		第____年经营							
年初		新年度规划会议									
		参加订货会/登记销售订单									
		制订新年度计划									
		支付应付税									
		支付长贷利息									
		更新长期贷款/长期贷款还款									
		申请长期贷款									
		原材料/在制品/产品库存台账	一季度		二季度		三季度		四季度			
	1	季初盘点（请填数量）									
	2	更新短期贷款/短期贷款还本付息									
	3	申请短期贷款									
	4	原材料入库/更新原料订单									
	5	下原料订单									
	6	购买/租用厂房									
	7	更新生产/完工入库									
	8	新建/在建/转产/变卖生产线									
	9	紧急采购原料（随时进行）									
	10	开始下一批生产									
	11	更新应收款/应收款收现									
	12	按订单交货									
	13	产品研发投资									
	14	厂房出售(买转租)/退租/租转买									
	15	新市场开拓/ISO 资格投资									
	16	支付管理费/更新厂房租金									
	17	出售库存									
	18	厂房贴现									
	19	应收款贴现									
	20	季末数额对账									
年末		缴纳违约订单罚款									
		支付设备维护费									
		计提折旧									
		新市场/ISO 资格换证									
		结账									

现金预算表

	1	2	3	4
期初库存现金				
支付上年应交税				
市场广告投入				
贴现费用				
利息(短期贷款)				
支付到期短期贷款				
原料采购支付现金				
转产费用				
生产线投资				
工人工资				
产品研发投资				
收到现金前的所有支出				
应收款到期				
支付管理费用				
利息(长期贷款)				
支付到期长期贷款				
设备维护费用				
租金				
购买新建筑				
市场开拓投资				
ISO认证投资				
其他				
库存现金余额				

要点记录

第一季度：_____

第二季度：_____

第三季度：_____

第四季度：_____

年底小结：_____

订单登记表

订单号								合计
市场								
产品								
数量								
账期								
销售额								
成本								
毛利								
未售								

产品核算统计表

	P1	P2	P3	P4	合计
数量					
销售额					
成本					
毛利					

综合费用表

项目	金额/M
管理费	
广告费	
设备维护费	
其他损失	
转产费	
厂房租金	
新市场开拓	
ISO 资格认证	
产品研发	
信息费	
合计	

利润表

项目	金额/M
销售收入	
直接成本	
毛利	
综合费用	
折旧前利润	
折旧	
支付利息前利润	
财务费用	
税前利润	
所得税	
年度净利	

资产负债表

资　产	期初数	期末数	负债和所有者权益	期初数	期末数
流动资产:			负债:		
现金			长期负债		
应收款			短期负债		
在制品			应付账款		
成品			应交税金		
原料			一年内到期的长期负债		
流动资产合计			负债合计		
固定资产:			所有者权益:		
土地和建筑			股东资本		
机器与设备			利润留存		
在建工程			年度净利		
固定资产合计			所有者权益合计		
资产总计			负债和所有者权益总计		

注:库存折价拍价,生产线变卖,紧急采购,订单违约记入损失

每年经营结束请将此表交到裁判处核对。

	用户		第___年经营								
年初	新年度规划会议										
	参加订货会/登记销售订单										
	制订新年度计划										
	支付应付税										
	支付长贷利息										
	更新长期贷款/长期贷款还款										
	申请长期贷款										
	原材料/在制品/产品库存台账	一季度			二季度			三季度			四季度	
1	季初盘点(请填数量)											
2	更新短期贷款/短期贷款还本付息											
3	申请短期贷款											
4	原材料入库/更新原料订单											
5	下原料订单											
6	购买/租用厂房											
7	更新生产/完工入库											
8	新建/在建/转产/变卖生产线											
9	紧急采购原料(随时进行)											
10	开始下一批生产											
11	更新应收款/应收款收现											
12	按订单交货											
13	产品研发投资											
14	厂房出售(买转租)/退租/租转买											
15	新市场开拓/ISO资格投资											
16	支付管理费/更新厂房租金											
17	出售库存											
18	厂房贴现											
19	应收款贴现											
20	季末数额对账											
年末	缴纳违约订单罚款											
	支付设备维护费											
	计提折旧											
	新市场/ISO资格换证											
	结账											

现金预算表

	1	2	3	4
期初库存现金				
支付上年应交税				
市场广告投入				
贴现费用				
利息(短期贷款)				
支付到期短期贷款				
原料采购支付现金				
转产费用				
生产线投资				
工人工资				
产品研发投资				
收到现金前的所有支出				
应收款到期				
支付管理费用				
利息(长期贷款)				
支付到期长期贷款				
设备维护费用				
租金				
购买新建筑				
市场开拓投资				
ISO 认证投资				
其他				
库存现金余额				

要点记录

第一季度：_____

第二季度：_____

第三季度：_____

第四季度：_____

年底小结：_____

订单登记表

订单号								合计
市场								
产品								
数量								
账期								
销售额								
成本								
毛利								
未售								

产品核算统计表

	P1	P2	P3	P4	合计
数量					
销售额					
成本					
毛利					

综合费用表

项目	金额/M
管理费	
广告费	
设备维护费	
损失	
转产费	
厂房租金	
新市场开拓	
ISO 资格认证	
产品研发	
信息费	
合计	

利润表

项目	金额/M
销售收入	
直接成本	
毛利	
综合费用	
折旧前利润	
折旧	
支付利息前利润	
财务费用	
税前利润	
所得税	
年度净利	

资产负债表

资　产	期初数	期末数	负债和所有者权益	期初数	期末数
流动资产：			负债：		
现金			长期负债		
应收款			短期负债		
在制品			应付账款		
成品			应交税金		
原料			一年内到期的长期负债		
流动资产合计			负债合计		
固定资产：			所有者权益：		
土地和建筑			股东资本		
机器与设备			利润留存		
在建工程			年度净利		
固定资产合计			所有者权益合计		
资产总计			负债和所有者权益总计		

注：库存折价拍价，生产线变卖，紧急采购，订单违约记入损失

每年经营结束请将此表交到裁判处核对。

	用户		第____年经营							
年初	新年度规划会议									
	参加订货会/登记销售订单									
	制订新年度计划									
	支付应付税									
	支付长贷利息									
	更新长期贷款/长期贷款还款									
	申请长期贷款									
	原材料/在制品/产品库存台账	一季度		二季度		三季度		四季度		
1	季初盘点(请填数量)									
2	更新短期贷款/短期贷款还本付息									
3	申请短期贷款									
4	原材料入库/更新原料订单									
5	下原料订单									
6	购买/租用厂房									
7	更新生产/完工入库									
8	新建/在建/转产/变卖生产线									
9	紧急采购原料(随时进行)									
10	开始下一批生产									
11	更新应收款/应收款收现									
12	按订单交货									
13	产品研发投资									
14	厂房出售(买转租)/退租/租转买									
15	新市场开拓/ISO资格投资									
16	支付管理费/更新厂房租金									
17	出售库存									
18	厂房贴现									
19	应收款贴现									
20	季末数额对账									
年末	缴纳违约订单罚款									
	支付设备维护费									
	计提折旧									
	新市场/ISO资格换证									
	结账									

现金预算表

	1	2	3	4
期初库存现金				
支付上年应交税				
市场广告投入				
贴现费用				
利息（短期贷款）				
支付到期短期贷款				
原料采购支付现金				
转产费用				
生产线投资				
工人工资				
产品研发投资				
收到现金前的所有支出				
应收款到期				
支付管理费用				
利息（长期贷款）				
支付到期长期贷款				
设备维护费用				
租金				
购买新建筑				
市场开拓投资				
ISO 认证投资				
其他				
库存现金余额				

要点记录

第一季度：_____

第二季度：_____

第三季度：_____

第四季度：_____

年底小结：_____

订单登记表

订单号								合计
市场								
产品								
数量								
账期								
销售额								
成本								
毛利								
未售								

产品核算统计表

	P1	P2	P3	P4	合计
数量					
销售额					
成本					
毛利					

综合费用表

项目	金额/M
管理费	
广告费	
设备维护费	
其他损失	
转产费	
厂房租金	
新市场开拓	
ISO 资格认证	
产品研发	
信息费	
合计	

利润表

项目	金额/M
销售收入	
直接成本	
毛利	
综合费用	
折旧前利润	
折旧	
支付利息前利润	
财务费用	
税前利润	
所得税	
年度净利	

资产负债表

资　产	期初数	期末数	负债和所有者权益	期初数	期末数
流动资产：			负债：		
现金			长期负债		
应收款			短期负债		
在制品			应付账款		
成品			应交税金		
原料			一年内到期的长期负债		
流动资产合计			负债合计		
固定资产：			所有者权益：		
土地和建筑			股东资本		
机器与设备			利润留存		
在建工程			年度净利		
固定资产合计			所有者权益合计		
资产总计			负债和所有者权益总计		

注：库存折价拍价，生产线变卖，紧急采购，订单违约记入损失

　每年经营结束请将此表交到裁判处核对。

项目 6

"商战"系统经营

6.1 "商战"实践平台介绍

企业模拟经营分基于过程和基于纯决策两类,前者以"商战实践平台"为代表,后者以"GMC"和"商道"为代表。前者注重经营过程、模拟情景,适合没有企业经验的大中专学生;后者更侧重的是对诸多决策变量进行分析,适合于有企业经验的 MBA 学生或社会人士。前者的核心是模拟出企业经营场景并对过程进行合理控制;后者的核心是对经营变量的数学建模。前者总体看是一个白箱博弈过程,后者是一个黑箱博弈过程。对于没有企业经验的学生而言,首先就是获得经营的感性认识,然后以此为基础,在一步步决策过程中获取管理知识。

"商战实践平台"是继"创业者"企业模拟经营系统之后的新一代模拟经营类软件。该平台在继承 ERP 沙盘特点的基础上,同时吸收了众多经营类软件的优点。其特点如下:

全真模拟企业经营过程,感受市场竞争氛围,集成选单、多市场同选、竞拍、组间交易等多种市场方式。

自由设置市场订单和经营规则,订单和规则均是一个文件,只要置于对应目录就可使用,并可与全国的同行交流规则和订单。

更友好的界面设置,更强的互动体验,操作简易直观。

系统采用 B/S 结构设计,内置信息发布功能,可以支持 2~99 个队同时经营。

经营活动全程监控,完整的经营数据记录,财务报表自动核对,经营数据以 Excel 格式导出,使教学管理更轻松。

软件自带数据引擎,无须借助外部数据库,免去了繁琐的数据库的配置;自带 IIS 发布。

无须做复杂的 IIS 配置,安装使用简便易行。

与实物沙盘兼容,可用于教学,用于竞赛更具优势。

作为每年"用友杯"全国大学生创业设计及沙盘模拟经营大赛的系统平台,使用过的参赛学校已经超过千所。

"商战"系统是在"创业者"企业模拟经营系统基础上研发而成的,两者区别如表 6.1 所示。

表 6.1 "商战"与"创业者"的区别

项目	创业者	商战
规则和订单	限制	自由配置
货币单位	百万(60 起步)	万(600 起步),也可兼容创业者
界面		更友好直观
支持企业数	2-18 标准	2-99 标准
市场模式	选单	选单+竞单招标
安装		更方便简单

6.2 "商战"系统组成

"商战"系统的组成如表 6.2 所示。

表 6.2 "商战"系统内容说明

序号	名称	说明
1	安装主程序	需要和加密狗匹配使用
2	使用说明(前台)	学生操作手册
3	使用说明(后台)	管理员(教师)操作手册
4	安装说明	系统安装说明文件
5	经营流程表	训练时学生用表(任务清单及记录)
6	会计报表	各年会计报表
7	重要经营规则	快速查询主要规则,系统中直接规则
8	市场预测	系统中直接查询
9	Aports	查找、关闭占用 80 端口程序的工具
10	实物沙盘盘面	配合系统使用,一个队一张
11	摆盘卡片	用于摆放实物沙盘

特别说明"本表所列资料部分可通过 hppt://tradewar.135.com/Download/下载"商战"系统以创业模式经营,即初始只有现金(股东资本)。就标准规则而言,一般以 600 W (万)为宜,若初次经营可放宽至 650 W,熟悉后或比赛可设为 550 W。

学生端界面如图 6.1 所示,和实物盘面类似,也可分为生产中心、财务中心、营销与规划中心及物流中心,操作区显示当前有权限的操作,另外还可以查询规则、市场预测信息。

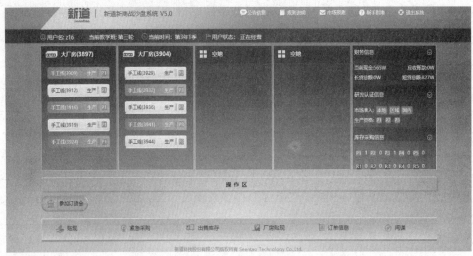

图 6.1 学生端界面

6.3 "商战"系统运营规则与经营过程

下面将详细介绍"商战"系统操作规则,同时还会简略介绍实物沙盘的摆放要点。

1. 首次登录

在正地址栏中输入"http://服务器地址"(若非 80 端口,则输入"http://服务器地址:端口")

进入系统(如图 6.2 左图所示),登录用户名为裁判分配的 U01、U02、U03 等,初始密码为"1"。

系统需要修改登录密码,填写公司名称、公司宣言及各角色姓名(如图 6.2 右图所示)。

图 6.2 登录

以下操作为年初操作。

2. 投放广告

双击系统中"投放广告"按钮,其显示如图 6.3 所示。

没有获得任何市场准入证时不能投放广告(系统认为其投放金额只能为 0)。

不需要对 ISO 单独投广告。

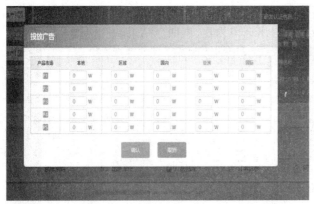 

图6.3 投放广告

在投放广告窗口中,市场名称为红色表示尚未开发完成,不可投广告。

产品资格未开发完成可以投放广告。

完成所有市场产品投放后,"确认支付"后不能返回更改。

投放广告确认后,长贷本息及税金同时被自动扣除(其中长贷利息是所有长贷加总后乘以利率再四舍五入)。

特别提示:

我们将一个市场与产品的组合称为回合。如图6.3所示,分别是:(本地,P1)、(本地,P2)(本地,p3)(区域,p1)(区域,P2)……(国际,p3)(国际,p4)20个回合。

在一个回合中,每投放10 W(为参数,称为最小得单广告额,可修改)广告费将获得一次选单机会,此后每增加20 W(最小得单广告额2倍),多一次选单机会。如:投入70 W表示最多有4次机会,但是能否行使4次机会取决于市场需求、竞争态势。若投小于10 W广告费则无选单机会,但仍扣广告费,对计算市场广告额有效。广告投放可以是非10的倍数,如11 W、12 W,且投12 W比投11 W或10 W优先选单。

摆盘:

将标有相应金额的卡片置于盘面广告费、税金、利息处(长贷利息)。

长贷处卡片向现金方向移动一格,检查是否需要归还的本钱。

减少库存现金。

3.获取订单

"商战"系统有两种市场方式可以获得订单,即选单与竞单。

(1)参加订购会——选单

上述投放广告针对的是选单,如图6.4所示。

系统自动依据以下规则确定选单顺序:上年市场的销售第一名(且无违约)为市场老大,优先选单;若有多队销售并列第一,则市场老大由系统随机决定,可能为其中某队,也可能无老大(本条适用于规则中市场老大设置为"有")。之后以本回合广告额投放大小顺序依次选单如果本回合广告额相同,那么看本市场广告投放总额;如果本市场广告总额也相同,那么看上年本市场销售排名;如仍无法决定,先投广告者先选单。第一年无订单。

每回合选单可能有若干轮,每轮选单中,各队按照排定的顺序,依次选单,但只能选一张订单。当所有队都选完一轮后,若再有订单,有两次选单机会的各队进行第二轮选单。依此类推,直到所有订单被选完或所有队退出选单为止,本回合结束。

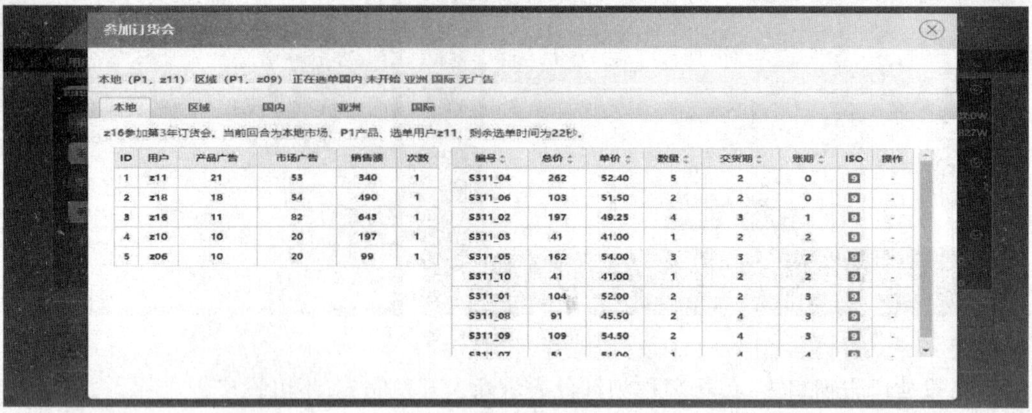

图6.4 选单

当轮到某一公司选单时,"系统"以倒计时的形式,给出本次选单的剩余时间,每次选单的时间上限为系统设置的选单时间,即在规定的时间内必须做出选择(选定或放弃),否则系统自动视为放弃选择订单。无论是主动放弃还是超时系统放弃,都将视为放弃本回合的所有选单。

放弃某回合中一次机会,视同放弃本回合中所有机会,但不影响以后回合的选单,且仍可观看其他队选单。

选单权限系统自动传递。

系统自动判定是否有ISO资格。

选单时可以根据订单各要素(总价、单价、交货期、账期等)进行排序,辅助选单。

系统允许多个(参数)市场同时进行选单,如图6.5所示,若以两个市场同时开单为例,各队需要同时关注两个市场的选单进程,其中一个市场先结束,则第三个市场立即开单,即任何时候都会有两个市场同开,除非到最后剩下一个市场选单未结束。如果某年有本地、区域、国内、亚洲市场有选单,那么系统首先将本地、区域同时放单,各市场按P1、P2、P3、P4顺序独立放单,若本地市场选单结束,则国内市场立即开单,此时区域、国内两市场保持同开;紧接着区域结束选单,则亚洲市场立即放单,即国内、亚洲两市场同开;选单时各队需要单击相应"市场"按钮,一市场选单结束,系统不会自动跳到其他市场。

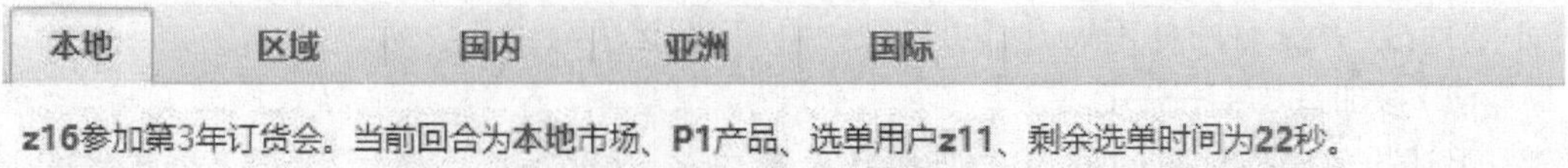

z16参加第3年订货会。当前回合为本地市场、P1产品、选单用户z11、剩余选单时间为22秒。

图6.5 多市场同开

(2)参加竞拍会——竞单

竞单也称为竞拍或者招标,如图6.6所示。竞单在选单后,不一定年年有,裁判会事先公布某几年有。

参与竞拍的订单(和选单结构完全一样)标明了订单编号市场,产品,数量ISO要求等,而总价,交货期账期三项为空。此三项要求各个队伍根据情况自行填写。系统默认的总价是成本价,交货期为1,账期为4。

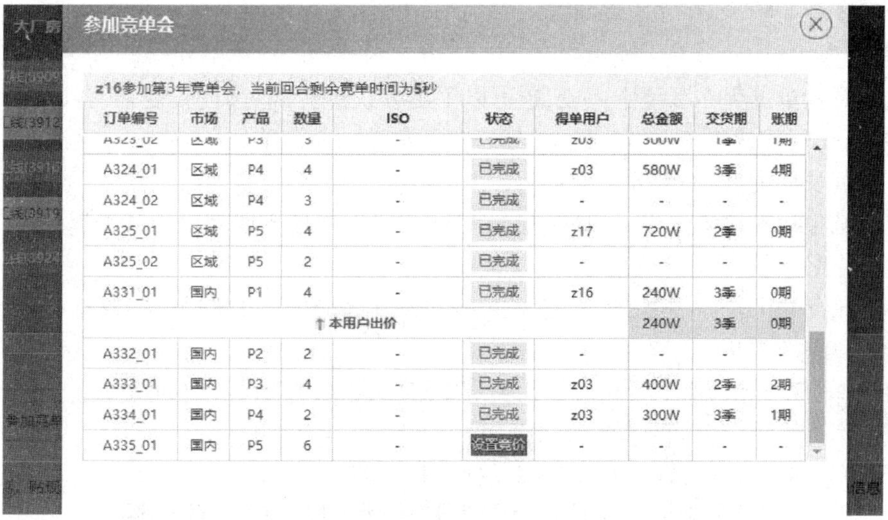

订单编号	市场	产品	数量	ISO	状态	得单用户	总金额	交货期	账期
A324_01	区域	P4	4	-	已完成	z03	580W	3季	4期
A324_02	区域	P4	3	-	已完成	-	-	-	-
A325_01	区域	P5	4	-	已完成	z17	720W	2季	0期
A325_02	区域	P5	2	-	已完成	-	-	-	-
A331_01	国内	P1	4	-	已完成	z16	240W	3季	0期
↑本用户出价							240W	3季	0期
A332_01	国内	P2	2	-	已完成	-	-	-	-
A333_01	国内	P3	4	-	已完成	z03	400W	2季	2期
A334_01	国内	P4	2	-	已完成	z03	300W	3季	1期
A335_01	国内	P5	6	-	设置竞价	-	-	-	-

图6.6 竞单

参与竞拍的公司需要有相应的市场、ISO认证资质,但不必有生产资格。

中标的公司需为该单支付10 w(等于最小得单广告额,为可变参数)标书费,在竞拍会结束后一次性扣除,计入广告费。

若(已竞得单数+本次同时竞单数×最小得单广告额)>现金余额,则不能再竞单。即必须有一定现金库存作为保证金。例如,同时竞三张订单,库存现金为54 w,已经竞得3张订单,扣除了30 w标书费,还剩余24 w库存现金,则不能继续参与竞单,因为万一在竞得3张,24 w库存现金不足支付标书费30 w。

为防止恶意竞单,对竞得单张数进行了限制,若“某队以竞得单张数>ROUND(3×该年竞单总张数÷参赛队数)”,则不能继续竞单。

特别提示:

ROUND表示四舍五入。

如上式为等于,可以继续参与竞单。

参赛对数指经营中的队伍数量,若破产继续经营也算在其内,破产退出经营则不算在其内。

如某年竞单共有40张,20队(含破产继续经营)参与竞单,当一队已经得到7张单,因为7>ROUND(3×40÷20),所以不能继续竞单;但如果已经竞得6张,可以继续参与。

参与竞拍的公司需根据所投标的订单,在系统规定时间(为参数,以倒计时秒形式显示)填写总价、交货期、账期三项内容,确认后由系统按照下列算式计算:

得分=100+(5-交货期)×2+应收账期-8×总价÷(该产品直接成本×数量)

以得分最高者中标,如果计算分数相同,那么先提交者中标。

特别提示:

总价不能低于(可以等于)成本价,也不能高于(可以等于)成本价的3倍。

必须为竞单留足时间,如在倒计时小于等于5秒时再提交,可能无效。

竞得订单与选中订单一样，算市场销售额，对计算市场老大有效，违约扣违约金；竞单时不允许紧急采购，不允许市场间谍。

摆盘：

选单及竞单过程在系统中完成，也可以手工方式进行，但过程较复杂，各队将订单卡片（可自行填写或裁判统一填写发送）置于盘面物流中心订单处。

4. 申请长期贷款（如图6.7所示）

订货结束后直接操作，一年只能操作一次，但可以申请不同年份的若干笔。

此操作必须在"当季开始"之前。

不可超出最大贷款额度，及长短贷总额（已贷+预贷）不可超过上年权益规定的倍数（为参数，默认为3倍）。

可选择贷款年限，但不可超过最大长贷年限（为参数），确认后不可更改。

贷款额为不小于10的整数。

计算利息时，所有长贷之和×利率，然后四舍五入。

图6.7　申请长贷

摆盘：

增加现金，同时在长贷处增加不同年份贷款。

以下操作为四季操作。

5. 四季任务启动与结束（如图6.8所示）

每季经营开始及结束需要确认——当季开始、当季（年）结束（第四季显示为当年结束）。

请注意操作权限，亮色按钮为可操作权限。

若破产则无法继续经营，自动退出系统，可联系裁判。

现金不够紧急融资（出售库存、贴现、厂房贴现）。

更新原料库和更新应收款为每季必走流程，且这两步操作后，前面的操作权限将关闭。后面的操作权限打开。

对经营难度无影响的情况下，对操作顺序并无严格要求，建议按流程走。

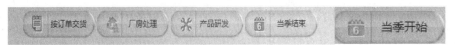

图6.8 四季任务启动与结束

摆盘：

每季开始与结束请核对现金。

6. 当季开始(如图6.9)所示

选单结束或长贷后可以当季开始。

开始新一季经营可以当季开始。

系统自动扣除短贷本息。

系统自动完成更新生产、产成品完工入库、生产线建设完工及转产完工操作。

图6.9 当季开始

摆盘：

核对现金是否准确。

所有短贷向现金方向移动一格，归还到期短贷本息——将标有短贷利息金额的卡片置于财务中心利息处，同时减少相当于归还短贷本息之和的现金。

生产总监将各生产线上的在制品推进一格（从小数目方格推到大数目方格）。产品下线表示产品完工，将产品放置于相应的产品库中。

生产线安装完成后，盘面上必须将投资额放在净值处，以证明生产线安装完成，并将生产线标志反转过来。

转产完成后，将转产费置于财务中心转产费处。

7. 当季结束(如图6.10所示)

一季经营完成需要当季结束确认；

系统自动扣除管理费(10 W/季，为参数)及续租租金，并且检测产品开发完成情况。

摆盘：

核对现金是否准确。

扣除管理费置于财务中心管理费处。

若厂房租金到期,需付下一年度租金,减少现金置于财务中心租金处。
若生产资格开发完成,可将资格证置于相应位置。

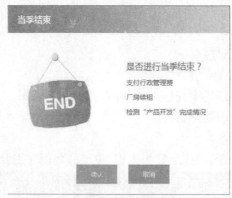

图 6.10 当季结束

8. 申请短贷(如图 6.11 所示)

一季只能操作一次。

申请额为不小于 10 的整数。

不可以超出最大贷款额度,即长短贷总额(已贷 + 欲贷)不可超过上年权益超过的倍数(为参数,默认为 3 倍)。

图 6.11 申请短贷

摆盘:

增加现金,同时将标有贷款额的卡片置于短贷 Q4 处。

9. 更新原材料库(如图 6.12 所示)

系统自动提示需要支付的现金(不可更改)。

执行"确认支付"即可,即使支付现金为 0 也必须执行。

系统自动扣减现金。

确认后,后续的操作权限方可开启("下原料订单"到"更新应收款"),前面操作权限关闭。

一季只能操作一次。

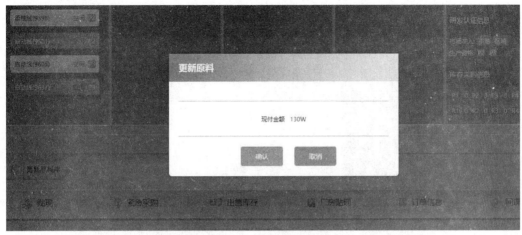

图 6.12　更新原料库

摆盘：

原料订单向库存方向移动一格，入库订单付款购买，减少现金，原料入库。

10. 下原料订单（如图 6.13 所示）

输入所有需要的原料数量，然后单击"确认"订购按钮。

确认订购后不可退订。

可以不下订单。

一季只能操作一次。

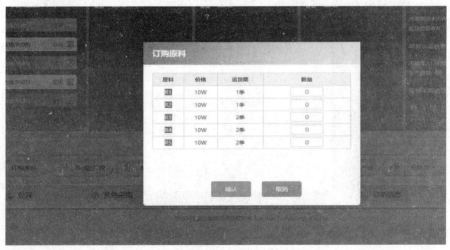

图 6.13　下原料订单

摆盘：

原料卡片置于相应原料订单处，并标明数量。

11. 购置厂房（如图 6.14 所示）

厂房可买可租。

最多只可使用四个厂房。

四个厂房可以任意组合,如租三买一或足一买三。

生产线不可在不同厂房间移位。

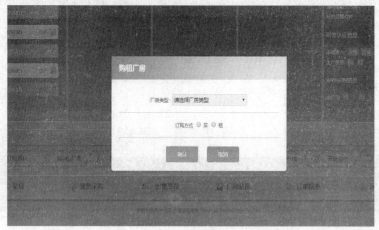

图6.14 购置厂房

摆盘:

厂房置于厂房区,讲标有买价金额的卡片置于"￥"处表示购买,若租则将标有租金金额的卡片置于厂房"￥"处以及财务中心费用区租金处。

12. 新建生产线需选择厂房、生产线类型、生产产品类型。(如图6.15所示)

需选择厂房、生产线、生产产品类型,一季可操作多次,直至生产线位铺满。

图6.15 新建生产线

摆盘:

投资新设备时,生产线标志背面朝上放置于厂房相应生产线位处,将首期投资额置于生产线上,并标明生产何种产品,同时扣除现金。

特别提示:

新建生产线时便已经决定生产何种产品了,此时并不要求企业一定要有该产品生产资格。

手工线与租赁线即买即用,不需要安装周期。

13. 在建生产线(如图6.16)

系统自动列出投资未完成的生产线。

复选需要继续投资的生产线。

可以不选——表示本季中断投资。

一季只可操作一次。

图6.16 在建生产线

摆盘:

生产线购买之后,需要进行2期(含)以上投资的均为在建生产线。投资额增加,同时减少现金。

以自动线为例,安装周期为3Q,总投资额为150 W,安装操作可按表6.3进行:

表6.3 自动生产线的安装

操作时间/Q	投资额/W	进度
1	50	启动1期安装
2	50	完成1期安装,启动2期安装
3	50	完成2期安装,启动3期安装
4		完成3期安装,生产线建成

投资生产线的支付不一定需要连续,可以在投资过程中中断投资,也可以在中断投资

后的任何季度继续投资,但必须按照上表的投资原则进行操作。

特别提示:

一条生产线待最后一期投资到位后,必须到下一季度才算安装完成,允许投入使用。

生产线安装完成后,盘面上必须将投资额放在设备净值处,以证明生产线安装完成,并将生产线标志翻转过来。

参赛队之间不允许相互购买生产线,只允许向设备供应商(管理员)购买。

手工线与租赁线安装不需要时间,随买随用。

14. 生产线转产和继续转产(如图6.17所示)

在生产线上直接单击要转产的生产线(建成且没有在产品的生产线)。

单建一条生产线,并选择要转产生产的产品。

手工线和柔性线若要转产,也必须操作,但不需要停产及转产费。

可多次操作。

若是转产周期(含)以上,则需要继续生产,操作和在建生产线类似。

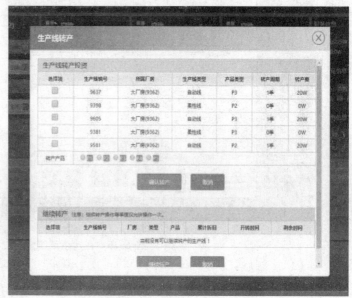

图6.17 生产线转产

摆盘:

翻转生产线标志,并标明新生产产品,按季度向财务总监申请并支付转产费用,在投满转产费用后下一季,再次翻转生产线标志,开始新的生产。以自动线为例,转产需要一个周期,共20w转产费,在第一季度开始转产,投资20w转产费,第2季度完成转产,可以生产新产品。

15. 变卖生产线(如图6.18所示)

在生产线上直接单击要变买的生产线(建成后没有在制品的空置生产线,转产中生产线不可卖)。

变卖后,从净值中按残值收回现金,净值高于残值的部分计入当年费用的损失项目。

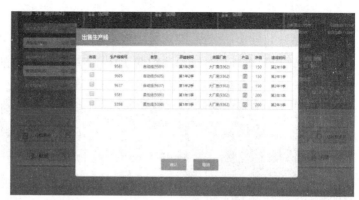

图 6.18　变卖生产线

摆盘：

将变卖的生产线残值放入现金区，其他剩余价值（净值－残值）放入"其他"费用处，记入当年"综合费用"，并将生产线交还给供应商即完成变卖。

16. 下一批生产（如图 6.19 所示）

更新生产/完工入库后，某些生产线的在制品已完成，同时某些生产线已经完成，可开始生产新产品。

自动检测原料、生产资格、加工费。

在生产线上直接单击生产。

系统自动扣除原料及加工费。

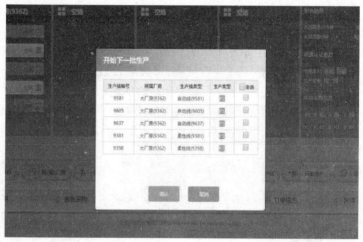

图 6.19　下一批生产

摆盘：

将产品标志置于生产线第 1 生产周期上，同时减少原料·现金（加工费）。

特别提示：

下一批生产前提前有 3 个：原料·加工费·生产资格。

任何一条生产线在产品只能有一个。

17. 应收款更新（如图 6.20 所示）

单击系统自动完成更新。

此步操作后，前面的各项操作权限关闭（不能返回以前的操作任务），并开启以后的操作任务——即按订单交货、产品开发、厂房处理产权。

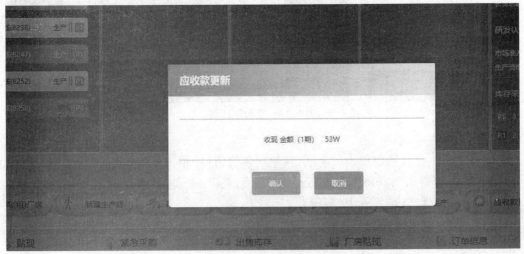

图 6.20　应收款更新

摆盘：

将应收款向现金库方向推进一格，到达现金库时即成为现金，必须做好现金收支记录。

18. 按订单交货（如图 6.21 所示）

系统自动列出当年未过交货期的订单。

自动检测成品库存是否足够，交货期是否过期。

单击"确认交货"按钮，系统自动增加应收款或现金。

订单编号	市场	产品	数量	总价	得单年份	交货期	账期	ISO	操作
hs_38	本地	P3	3	267W	第2年	2季	4季	-	确认交货
hs_92	区域	P3	3	253W	第2年	3季	0季	-	确认交货
hs_100	区域	P3	4	357W	第2年	4季	1季	-	确认交货

图 6.21　按订单交货

订单有以下 5 个要素：

①数量——要求各企业一次性按照规定数量交货，不得多交不得少交，也不得拆分交货。

②总价——交货后企业将获得一定的应收款或现金,记入利润表的销售收入。

③交货期——必须当年交货,不得拖到第二年,可以提前交货,不可推后,如规定 3 季交货,可以第 1、2、3 任意季交货,不可第 4 季交货,违约则订单。

④账期——在实际交货后过若干季度收到现金。若账期为 2Q,实际在第 3 季度完成交货则将在下一年第 1 季度更新应收款时收到现金。

特备提示：

收现时间从实际交货季度算起。

若账期为 0,则交货时直接收到现金。

不论当年应收款是否收现,均记入当年销售收入。

⑤ISO 要求——分别有 ISO 9000 及 ISO 14000 两种认证,企业必须具备相关认证,方可获得有认证要求的订单。

摆盘：

销售总监检查各成品库中的成品数量是否满足客户订单要求,满足则按照客户订单交付约定数量的产品给客户。若为现金(0 账期)付款,销售总监直接将现金置于现金库;若为应收款,销售总监将现金置于应收款相应账期处。

19. 产品研发(如图 6.22 所示)

复选操作,需同时选定要开发的所有产品,一季只允许操作一次。

单击"确认研发"按钮确认并退出本窗口,一旦退出,则本季度不能再次进入。

当季(年)结束系统检测开发是否完成。

图 6.22　产品研发

摆盘：

研发费用置于相应产品的生产资格位置。

20. 厂房处理(如图 6.23 所示)

本操作适用于已经在用的厂房,若要新置厂房,请操作"购置厂房"。

如果拥有厂房且无生产线,可卖出,增加4Q应收款,并删除厂房。

如果拥有厂房但没有生产线,卖出后增加4Q应收款,自动转为组,并扣当年租金,记下租入时间。

租入厂房如果离上次付租金满1年(如上一年第2季起租,到下年第2季视为满1年),可以转为购买(组转买)。并立即扣除现金;如果无生产线,可退租并删除厂房。

租入厂房离上次付租金满1年,如果不执行本操作,视为续租,并在当季结束时自动扣下一年租金。

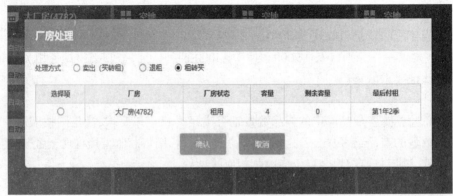

图 6.23 厂房处理

摆盘:

出售厂房增加应收款置于4Q处;转租或买时参照"购置厂房"操作。

21. 市场开拓(如图 6.24 所示)

复选所要开发的市场,然后单击"确认开发"按钮。

只有第4季可操作一次。

第4季结束(即当年结束),系统自动检测市场开拓是否完成。

图 6.24 市场开拓

摆盘：
研发费用置于相应市场准入资格位置。
特别提示：
若第 1 年第 4 季不操作市场开发，则第 2 年初会因无市场资格而无法投广告选单。
22. ISO 投资（如图 6.25 所示）
复选所要投资的资格，然后单击"确认研发"按钮。
只有第 4 季可操作一次。
第 4 季结束（即当年结束）系统自动检测 ISO 资格是否完成。

图 6.25　ISO 投资

摆盘：
研发费用置于相应 ISO 资格位置。
23. 当年结束（如图 6.26 所示）
第 4 季经营结束；需要当年结束，确认一年经营完成。系统会自动完成以下任务：

图 6.26　当年结束

支付第 4 季管理费。
如果有租期满 1 年的厂房,续付租金。
检测产品开发完成情况。
检测市场开拓及 ISO 开拓完成情况。
支付设备维护费。
计提折旧。
违约扣款。

系统会自动生成综合费用表、利润表和资产负债表三大报表。需要在客户端填写负债表,如图 6.27 所示。系统自动检测正确与否,不正确会提示,可以不填写报表,不影响后续经营。

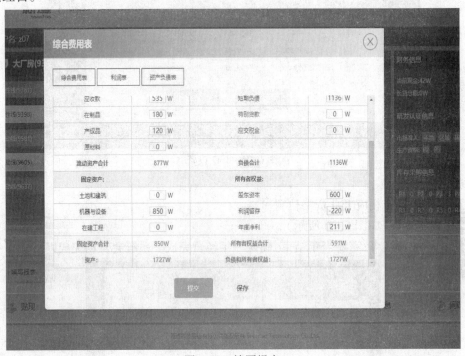

图 6.27 填写报表

摆盘:

管理费、厂房租金、维修费置于财务中心相应费用区,违约扣款置于"其他"处。折旧计提需要减少生产线净值,置于财务中心"折旧"处。若生产资格、市场准入资格、ISO 资格开发完成,可将资格证置于相应位置。完成手工财务处理,需要清除盘面上各类费用(不包括未开发完成的生产资格、市场准入资格、ISO 资格费用)。

以下为特殊运行任务,指不受正常流程运行顺序的限制,当需要时就可以操作的任务。此类操作分为两类,第一类为运行类操作,这类操作改变企业资源的状态,如固定资产变为流动资产等;第二类为查询类操作,该操作不改变任何资源的状态,只是查询资源情况。

24. 厂房贴现(如图 6.28 所示)

任意时间可操作。

如果无生产线,厂房原值售出后,售价按 4 季应收款全部贴现。

如果有生产线,除按售价贴现外,还要再扣除租金。

系统自动全部贴现,不允许部分贴现。

图 6.28 厂房贴现

摆盘:

参照出售厂房与贴现操作。

25. 紧急采购(如图 6.29 所示)

可在任意时间操作(竞单时不允许操作)。单选需购买的原料或产品,填写购买数量后确认订购。

图 6.29 紧急采购

原料及产品的价格列示在右侧栏中——默认原料是直接成本的 2 倍(为参数,可修改),成品是直接成本的3倍(为参数,可修改)。

当场扣款到货。购买的原料和产品均按照直接成本计算,高于直接成本的部分,记入综合费用损失项。

摆盘:

减少现金,增加库存,同时将高于直接成本部分置于盘面"其他"处。

26. 出售库存(如图6.30所示)

可在任意时间操作。

填入出售原料或产品数量,然后确认出售。

原料、成品按照系统设置的折扣回收现金默认原料为8折,成品为直接成本。

售出后的损失部分计入费用的损失项。

所得现金四舍五入(已出售的原料或成品相加再乘以折扣)。

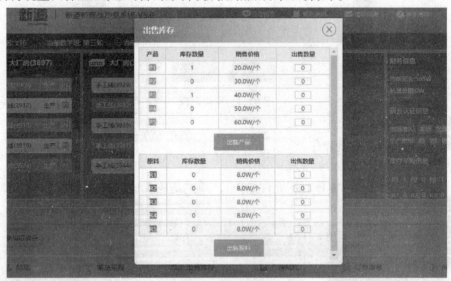

图6.30 出售库存

摆盘:

增加现金,减少库存,同时将低于直接成本部分置于盘面"其他处"。

27. 贴现(如图6.31所示)

1、2季与3、4季分开贴现。

1、2季或3、4季应收款加总贴现。

可在任意时间操作且次数不限。

填入贴现额应小于等于应收款。

贴现额乘以对应贴现率,求得贴现费用(向上取整),贴现费用记入财务费用,其他部分增加现金。

摆盘:

增加现金,贴息置于财务中心"贴息处"。

图 6.31　贴现

28. 间谍(商业情报收集,如图 6.32 所示)

任意时间均可操作(竞单时不允许操作);可查看任意一家企业信息,花费 1 W(可变参数)可查看一家企业情况,包括资质、厂房、生产线、订单等(不包括报表)。

以 Excel 表格形式提供。

可以免费获得自己的相关信息。

图 6.32　间谍

摆盘:

此功能相当于各队之间的观盘。

29. 订单信息(如图 6.33 所示)

任意时间可操作。

可查所有订单信息及状态。

订单信息

订单编号	市场	产品	数量	总价	状态	得单年份	交货期	账期	ISO	交货时间
S211_05	本地	P1	4	207W	已交货	第2年	3季	0季	-	第2年第1季
S213_07	本地	P3	5	436W	已交货	第2年	3季	1季	-	第2年第3季
S221_04	区域	P1	5	260W	已交货	第2年	3季	0季	-	第2年第1季
S223_10	区域	P3	3	301W	已交货	第2年	3季	0季	-	第2年第3季
S223_04	区域	P3	1	97W	已交货	第2年	4季	0季	-	第2年第3季

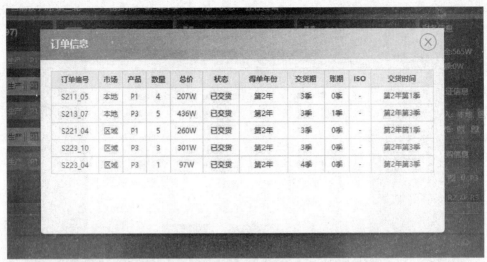

图 6.33　订单信息

30. 查看市场预测(如图 6.34)所示

任意时间可查看。

只包括选单。

市场预测

市场预测表——均价							
序号	年份	产品	本地	区域	国内	亚洲	国际
1	第2年	P1	49.39	50.45	0	0	0
2	第2年	P2	69.49	67.66	0	0	0
3	第2年	P3	91.62	90.83	0	0	0
4	第2年	P4	137.14	137.96	0	0	0
5	第2年	P5	150.56	153.25	0	0	0
6	第3年	P1	50.48	50.21	49.88	0	0
7	第3年	P2	69.59	69.72	72.37	0	0
8	第3年	P3	92.06	92.88	83.78	0	0
9	第3年	P4	138.73	133.67	130.27	0	0

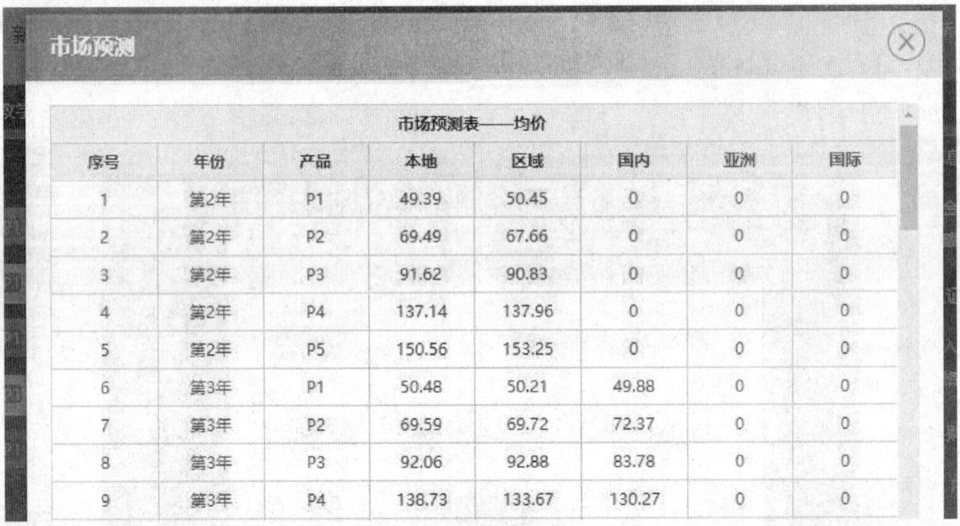

图 6.34　市场预测

31. 破产检测

广告投放完毕、当季开始、当季(年)结束、更新原料库等处,系统自动检测已有库存现金加上最大贴线及出售所有库存及厂房贴现,是否足够本次支出,若不够,则破产退出系统;如需继续经营,联系管理员(教师)进行处理。

当年结束,若权益为负,则破产退出系统,如需继续经营,联系管理员(教师)处理。

32. 小数取整处理规则

违约金扣除(每张违约单单独计算)——四舍五入。

库存拍卖所有现金——四舍五入。

贴现费用——向上取整。

扣税——四舍五入。

33. 操作小贴士

需要付现操作系统会自动检测,若不够,则无法进行下去。

请注意更新原料库及更新应收款两个操作,它是其他操作之开关。

多个操作权限同时打开,对操作顺序并无严格要求,但建议按顺序操作。

可通过 IM(InstantMessaging)与管理员联系。

市场开拓与 ISO 投资仅第 4 季可操作。

操作中发生显示不当,立即执行"刷新"命令(按 F5 键)或退出重登。

参考文献

[1] 李湘露,李宗民.ERP沙盘模拟实战教程[M].北京:中国电力出版社,2009.

[2] 孙金凤.ERP沙盘模拟演练教程[M].北京:清华大学出版社,2010.

[3] 钮立新.ERP沙盘模拟实训教程[M].北京:北京大学出版社,2013.